超級工程 MIT 04

奔馳南北的高速鐵路

文　黃健琪
圖　吳子平

社　　長　陳蕙慧
副總編輯　陳怡璇
特約主編　胡儀芬、鄭倖伃
審　　訂　朱登子、蘇昭旭
行銷企畫　陳雅雯、尹子麟、余一霞
美術設計　鄭玉佩

出　　版　木馬文化事業股份有限公司
發　　行　遠足文化事業股份有限公司（讀書共和國出版集團）
地　　址　231 新北市新店區民權路 108-4 號 8 樓
電　　話　02-2218-1417
傳　　真　02-8667-1065
Email　service@bookrep.com.tw
郵撥帳號　19588272 木馬文化事業股份有限公司
客服專線　0800-2210-29

印　　刷　凱林彩色印刷股份有限公司
2021（民 110）年 5 月初版一刷
2024（民 113）年 7 月初版九刷
定　　價　450 元
ISBN　978-986-359-903-6

國家圖書館出版品預行編目（CIP）資料

超級工程 MIT. 4, 奔馳南北的高速鐵路 / 黃健琪文 ； 吳子平圖.
一 初版，一一 新北市 ； 木馬文化事業股份有限公司出版：遠足文化事業股份有限公司發行，民 110.05
面；　公分
ISBN 978-986-359-903-6（平裝）
1. 高速鐵路 2. 鐵路工程 3. 通俗作品
442.83　　110005675

奔馳南北的高速鐵路

文／黃健琪　圖／吳子平

台灣最具代表性的偉大工程，對每個人來說各自有呼應的心情與故事，但這些故事主要來自情感面的投射。

然而，《超級工程 MIT》系列則是從科學、技術、人文、甚至環境的角度來說出工程本身的故事，雖然資訊量不少，但透過編排設計，幫助讀者建立與自己生活更深度的連結，發展出不同的探索方向，隨著文本的閱讀，時而讚嘆、時而思考、時而會心一笑，趣味無窮。

2019 年是莫拉克風災十周年，當年五月「科普一傳十」製作特輯介紹，在「重建有溫度的家」那集，訪問了莫拉克颱風災後重建委員會執行長陳振川教授，他也是台灣的土木專家，在訪談中他特別提到橋梁在重建工程中的意義與重要性，如何用橋聯結、修補破碎的土地，幫助災民重建家園，還有橋梁工程的挑戰與人文重點等等。受限於節目時間，沒有辦法談的太詳細，當得知本系列有斜張橋的專書介紹時，感覺彌補了這個缺憾。

書本內容呈現活潑，沒有工程冰冷的印象，反而相當有溫度，從高屏溪斜張橋的歷史緩緩道來，接著進入橋梁的科普常識，最後介紹斜張的科學獨特性。讀完本書，除了了解台灣土地上偉大的橋梁建築外，亦對世界橋梁有基礎的認識。

而雪山隧道工程素有「雪山魔咒」之稱，光看字面就知道其挑戰與難度。當年雪隧通車時，我就曾以此為題製作成教案，帶入校園與孩子分享，當時都是自己收集的內容，不像本書如此圖文並茂，本書的問世的確是眾望所歸。雪隧工程的困難主要來自台灣特殊的地質結構，國外的經驗只能參考，無法類比應用，重重難關都只能靠台灣的工程師摸索克服，瞭解其中血淚史，每次通過雪山隧道都充滿讚嘆與感恩，也更加思考人類作為與大自然的共生之道。

台灣的環境風險高，颱風、地震多，人口密度又在世界名列前茅，這些都是台灣工程的大挑戰；然而，如何克服這些困難，就是台灣可以貢獻世界的智慧。從另一個面向來看，透過了解這些 MIT 超級工程，我們會發現，現在沒有任何一個問題可以在單一領域解決，尤其面對未來環境變遷等不確定因素，如何透過跨領域的學習與合作，則是這個世代必須掌握的關鍵能力。

非常榮幸推薦「超級工程 MIT」系列，祝福所有的讀者閱讀愉快。

大愛電視台地球證詞 主持人
何佩玲

目次

台灣高鐵專題報導

圖解台灣高鐵

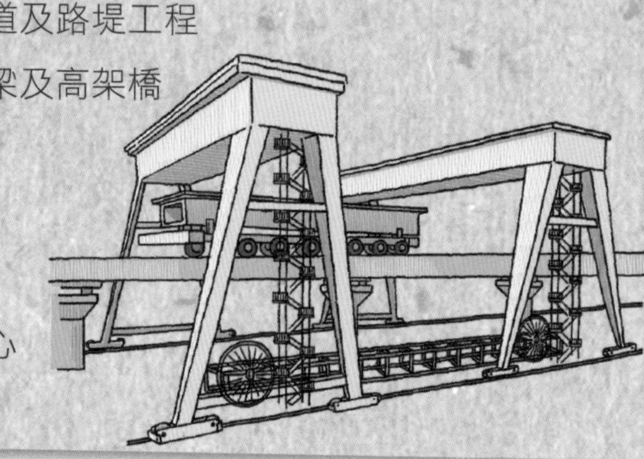

認識台灣軌道系統

海外的高速鐵路專題報導

特別報導

工程師大考驗

最期待的事，每個人都認識台灣超級工程

公共建設與我們現在的生活，甚至未來五十年、一百年的生活息息相關。認識台灣的工程建設，就能更了解自己的居住環境。串聯台灣各個城市的交通運輸，不只加快交通時間，甚至能讓台灣國土發展更為活絡，真的是一項各方面都要考量的超級工程！

2006年完成《穿越雪山隧道》報導後，追追休假去日本旅行。期間為了趕時間，搭了新幹線，雖然在購票窗口比手畫腳才買到票，票價又不便宜，但新幹線班次密集、準時、快捷、舒適的搭乘體驗，讓第一次搭高速鐵路的追追留下深刻印象。而台灣高鐵在引進日本新幹線技術後也即將通車，讓追追滿心期待，許下未來一定要企劃台灣高鐵的報導。

時光荏苒，號稱「台灣新幹線」的台灣高鐵，已經成功縮短台灣西部走廊的交通時間。經常為了採訪必須南北奔波的追追，搭乘高鐵一日便能往返，不用為了住宿而煩惱。不過每次搭乘高鐵，那個追出高速祕密的想法就在追追心中盤旋，因此每當追追對高鐵產生疑問或感想時，就會馬上記下來：

有關台灣高鐵的問題

Q：高鐵為什麼能跑這麼快？

Q：為什麼高鐵的軌道沒有碎石，和傳統鐵路不同？

Q：台灣高鐵為什麼大部分的路段都在高架橋上？

Q：台灣高鐵彰化——高雄高架橋，排名全球第二長，當初怎麼興建？

Q：跟一般火車頭比較，高鐵車頭為什麼這麼尖？

Q：電力是如何傳送到高鐵車廂？

Q：高鐵列車這麼準時，是誰在控制呢？

Q：每班高鐵有幾位服務人員？他們的工作是什麼？

Q：高鐵列車如何清潔，難道有這麼大台的洗車機？

Q：萬一遇到地震，列車停在高架橋上，車上的旅客該怎麼辦？

Q：高鐵工程從南到北，到底有多少人參與？

*高鐵路線有橋梁、有隧道，還要蓋車站、鋪鐵軌……
這個工程真是浩大！

某天，追追為了採訪，臨時要從台北搭高鐵到高雄出差。出發前，追追一面忙著整理採訪檔案，一面嘀咕著：「這次採訪太匆忙，沒時間預先購票，也還沒看完採訪資料，希望這次令人焦頭爛額的行程可以順利進行……」

同事聽到，馬上提醒追追：「你可以用手機 App 先訂票，再用信用卡付費，到高鐵站後用手機上的 QR Code 票證，就可以在閘門掃描進入，省下到高鐵站窗口或是到便利商店購票的時間，很方便！高鐵車廂舒適又安靜，資料可以在高鐵上看。」

經同事提醒，追追這才想起，台灣高鐵早就有許多方便的訂票方式可以運用，自己竟然因一時慌亂沒想到。「太好了，多虧你提醒。」

「我可是高鐵迷，只要台灣高鐵一推出新服務，我絕對不會錯過，我還希望有機會能報導台灣高鐵的各種服務呢！」同事得意的對追追說。

「我也想報導高鐵高速的祕密，不如下次會議時，我們一起提出這個有趣的題目吧！」追追說完就趕緊訂票，接著趕往高鐵站。

追追抵達高鐵站後，離列車進站還有十幾分鐘，還不急著入閘門。他在車站大廳環顧四周，看見自動售票機前站了一對母女，這位年輕媽媽正在指導念國小的女兒按鍵購票；售票口的購票動線也十分快速而流暢。入閘門時，旅客有的使用手機的 QR Code 票證，有的使用聯名卡，剛才那位小女孩也興沖沖的拿著紙張票券進入閘門。追追心想，高鐵的多元購票方式分散了現場排隊購票的人潮，真是方便人們的設計。

在月台候車時，追追見到無論是自由座車廂或其他車廂的月台處，大家都依序排隊。列車一如既往的準時進站，旅客陸續上車，追追坐在第 7 車廂，才發現高鐵設置了無障礙空間，供坐輪椅的旅客搭乘。

台灣高鐵到底有幾種購票方式？

除了車站窗口購票、網路訂票、團體訂票還有……

沒多久，有人打翻了飲料，引起車廂內小小的騷動。但是不到三分鐘，列車長與另外一位清潔人員就前來處理。只見清潔人員趴下身子，迅速的將地板擦乾淨，車廂很快恢復原狀。追追在十分舒適和安靜的旅程中，將採訪的資料整理完成，心想：「就是現在！」便立刻著手進行高鐵追蹤報導的企劃了。

追追搭的這班高鐵，約兩小時就抵達目的地左營。採訪完，在車站買了高鐵便當，又搭著高鐵返回台北，這時，太陽還沒下山呢！

還有更多的問題和聯想

Q：為什麼要建造高鐵呢？

→早期西部交通往返南北需要多久時間？

Q：哪些國家擁有高速鐵路？

→台灣沒有建造高鐵的經驗，要向誰取經呢？

Q：如何規劃高鐵路線？

→可以使用原來的車站和鐵軌嗎？

Q：興建高鐵是否遇到困難？

→如何做好環境評估、地質測量？

Q：如何達到快速、準時和安全呢？

還想到哪些問題呢？

從台灣頭到台灣尾

300 多年前，喜愛四處旅行的郁永河駕著牛車從台南走走停停來到淡水共花了12 天，而舊時以船舶往來艋舺和台南的港口，最快也要花 4 天。100 年前，台灣西部南北縱貫鐵路已經完成，搭乘火車往返南北，時間縮短至 1 天。

1978年，國道1號中山高速公路開通，從北到南只需 4 至 5 小時，而且高速公路兼具便捷與舒適的特點，逐漸成為主要交通動脈，大大改善台灣西部交通狀況。

西部交通發展和台灣區域的關係

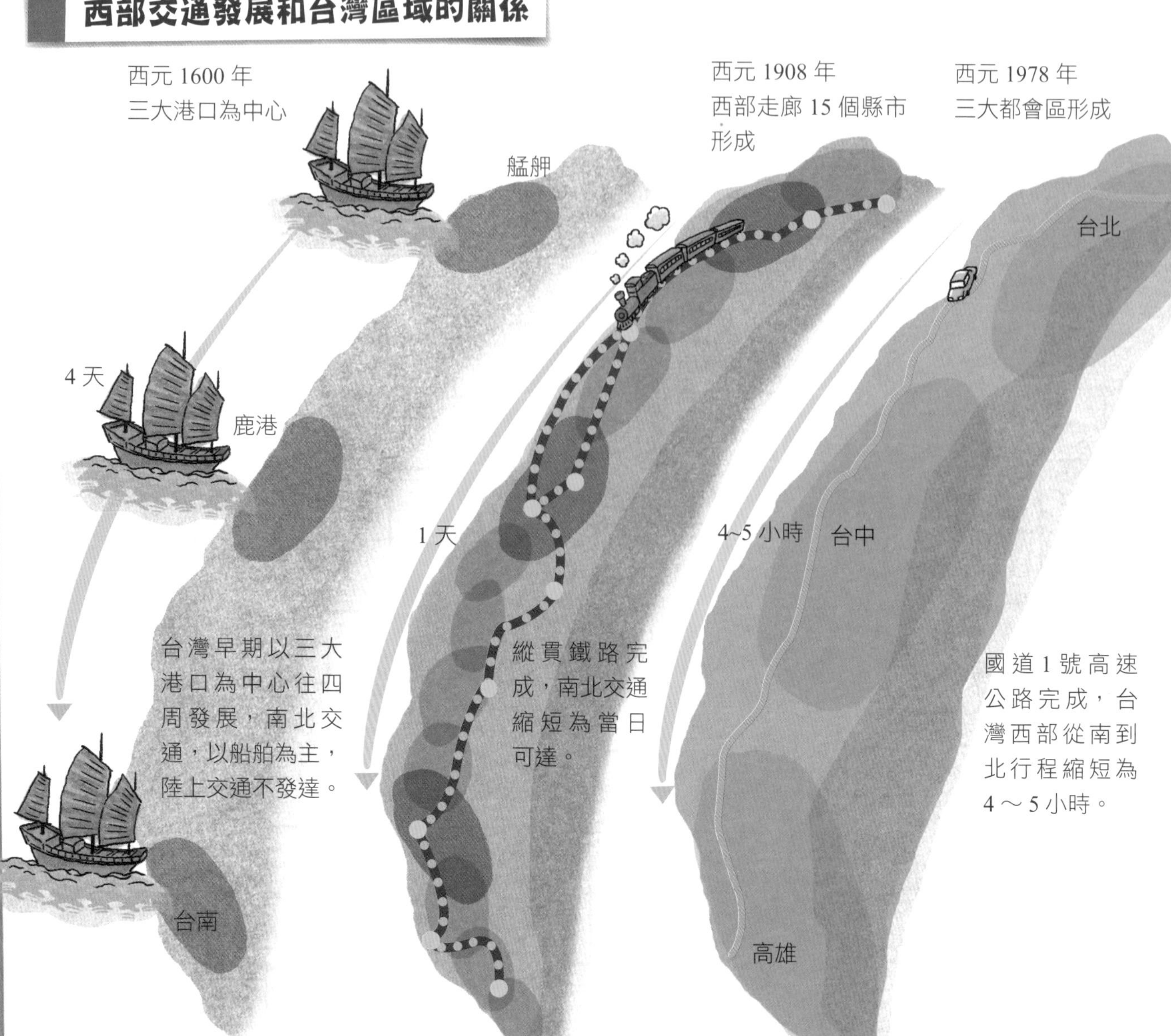

不過隨著汽車數量飆升，1990 年之後想利用高速公路在 4、5 小時內直達南北兩地成了不可能的任務，尤其假日年節，「塞車」在高速公路上成了家常便飯。想要解決台灣西部擁擠的交通，該怎麼做呢？往返南北的時間有辦法再縮短嗎？

為什麼一定要縮短交通時間呢？

1987 年 1 月 28 日　**小木馬日報**

每逢假期出現最長的車——塞車

高速公路限制時速不得超過 120 公里，但是一到假日，高速公路的行車速度連時速 60 公里都很難達到。春節期間，利用高速公路的車輛更多，一路走走停停，時速根本不到 20 公里。以前是有車禍才會塞車，現在是每逢假期就塞車，用路人紛紛表示交通部應該解決這個問題。

如何紓解西部交通，並縮短交通時間呢？

☒拓寬高速公路
→只是減緩塞車，不能縮短時間。

?改善台鐵
→原本的火車和鐵道，如何讓它們變快？

?新建高速鐵路
→台灣沒有經驗，如何興建？

創造台灣西部一日生活圈

紓解西部交通問題，進而縮短南北交通時間，創造台灣一日生活圈，讓國土利用更進一步的活絡，是當時交通部的願景。實現它有兩大方案，一個是改善目前的台鐵系統，提升火車的速度；另一個則是新建一條高速鐵路。

	方案一：改善台鐵原有軌道	方案二：將台鐵軌道改為 1435 毫米標準軌距	方案三：興建高速鐵路
	❶改善 281 處曲線；❷更新車輛、電車線、部分號誌及平交道	❶改善 350 處曲線；❷車輛、軌道、電車線、號誌等全部更新	❶重新鋪設 1435 毫米標準軌距；❷設置專用路權；❸車輛、機電、號誌等全部更新
投資經費（$ 代表 500 億）	795 億	2820 億 	3700 億 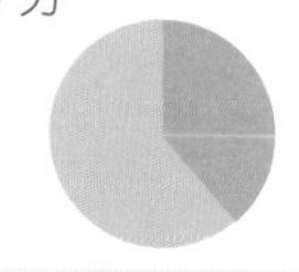
台北至高雄行車時間	3 小時 05 分	2 小時 45 分	1 小時 30 分
運量效益	每日增加 3.8 萬人次	每日增加 5.7 萬人次	每日增加 18.7 萬人次
綜合評估	改善鐵軌期間，台鐵將停止營運	改善鐵軌期間，台鐵將停止營運	投資成本高，但改善效益也提高很多

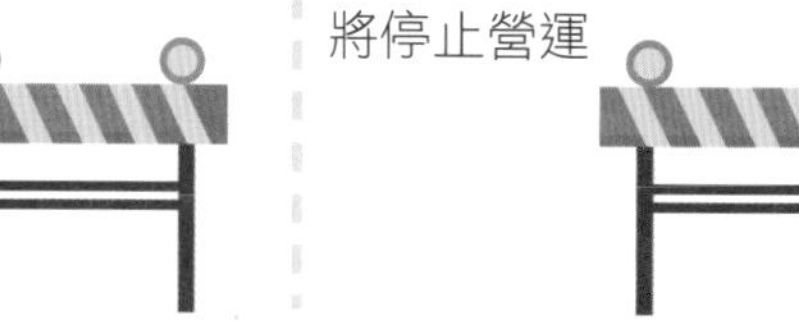

世界獨一無二的台灣高鐵

台灣高鐵自 2007 年通車以來，至 2020 年共服務超過 6 億人次，準點率達 99.8%，且因行車事故而造成的人員傷亡紀錄為 0，這個紀錄成為日本新幹線海外輸出的典範。不僅如此，興建時保留了歐洲高鐵的優點，並將台灣的需求納入設計，使得台灣高鐵成為世界獨一無二的高鐵系統，在國際上享有聲譽。

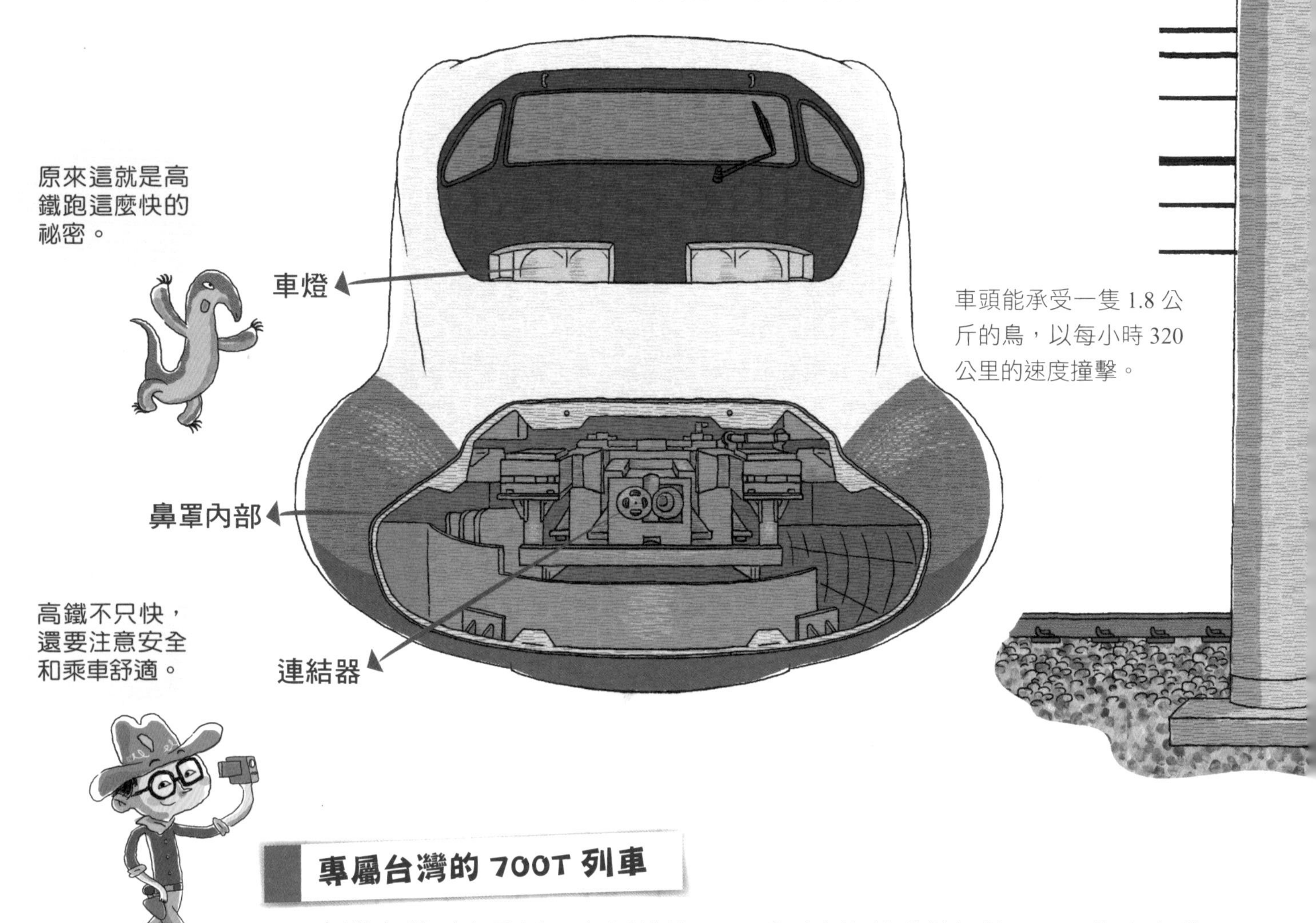

專屬台灣的 700T 列車

台灣高鐵列車是以日本新幹線 700 系列車為基礎做設計，T 即代表台灣。

高 3.65 公尺

27 公尺

25 公尺

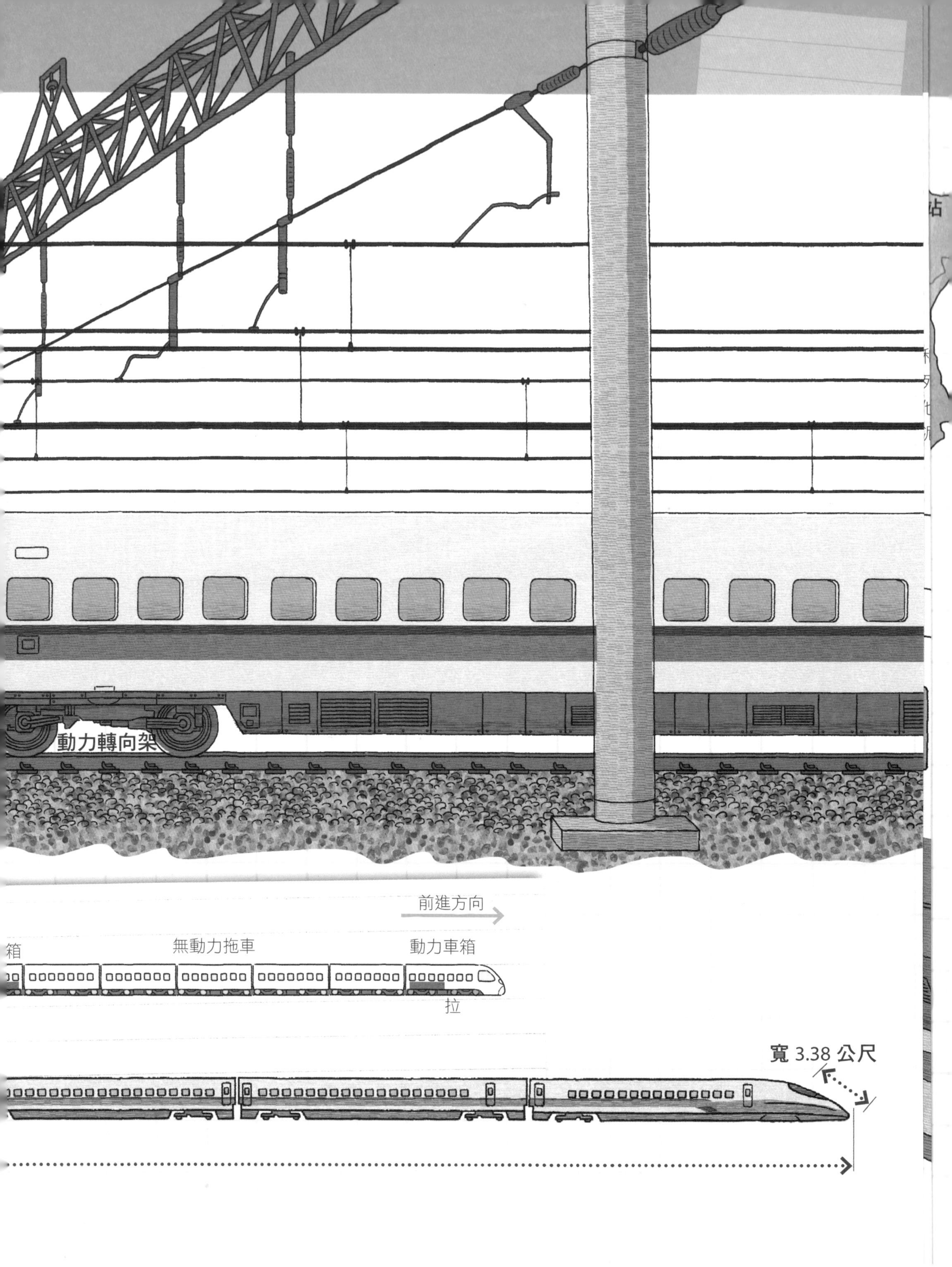
動力轉向架
前進方向
箱
無動力拖車
動力車箱
拉
寬 3.38 公尺

如何規劃高鐵路線

規劃台灣高鐵路線不是在地圖上紙上談兵就能完成的事，光是設定車站位置，就要考量運量、車站距離、用地取得、轉乘設施、洪水高度、對環境生態的影響等各種問題。路線規劃則需考慮地形坡度、地質，及軌道彎曲弧度。整體來說，就是在國土利用上取得最大的利益。

高鐵路線 1

山線

從台北車站經八德、新竹、烏日、嘉義、虎尾寮到左營。

優點：鄰近各縣市的精華區，人們搭乘方便，利用效率大。

缺點：精華區的土地價格高，用地取得不利，而且難以開發新市鎮。

高鐵路線 2

從台北車站經青埔（現桃園站）、六家（現新竹站）、烏日（現台中站）、太保（現嘉義站）、沙崙（現台南站）到左營。

優點：能發展地方特色，又能開發新市鎮。

缺點：站址偏僻，難以吸引旅客，只要規劃好轉乘設施，就能解決。

高鐵路線 3

海線

從松山機場經青埔、六家、台中港、太保、沙崙到左營。

缺點：沿海有地層下陷的問題。

讓高鐵改道的百年老樹

台灣高鐵在規劃路線時，每個縣市都極力爭取高鐵設站。但是高鐵速度要快，就不能停靠太多站，以免開開停停，速度無法提升；也需要考量土地取得的問題、搭乘人數，及城鄉發展平衡，幾經討論修改，好不容易才選定 12 個車站。

實際開始土木建設工程時，又碰到一些意想不到的問題，例如開發新竹六家站區，施工時遇到「老樹與小廟」是否保留或移除的問題。如果保存，高鐵的整體規劃將受影響；如果毀棄或遷移在地信仰中心的老樹與小廟，則會引發地方反彈。在台南路段則經過水雉棲地，台灣高鐵公司必須在施工期間不能干擾水雉生活，同時還必須找到其他地方復育水雉棲地……台灣高鐵如何解決這些問題呢？

2004 年 5 月 9 日

小木馬日報

搶救開山伯公和風空大樟樹

位於新竹市金山面六鄰風空地區小山丘上有一座開山伯公廟，還有一棵樹齡約 200 歲，樹高約 20 公尺的大樟樹，因台灣高鐵的路線行經此處，而面臨到將被拆除遷移的命運。

台灣高鐵知道後，與在地人士討論，最後決定將高鐵改道。大樟樹原地保留，高鐵公司還成了大樟樹的管理人。

它們跟我們生活很久了，不能砍掉它。

好，我讓高鐵改道！

高鐵車站劃定區域的發展規劃

＊台灣高鐵行經的路線與設置的每個車站，都經過仔細評估。雖然有的高鐵站址離市中心有點距離，但只要有適當的交通運輸計畫，運用接駁車或連接道路，就能快速到達市區或觀光景點，解決問題。

台北站
- 行政中心，國際交流頻繁
- 北部區域的交通轉乘中心，觀光客多，搭乘量大

南港站
- 腹地大，作為台北站的營運輔助站

板橋站
- 新北市人口數多，搭乘量大，分散台北站的交通量

桃園站
- 國際出入門戶
- 形成桃一中壢生活圈

新竹站
- 科技產業聚集城市，外來人口多

苗栗站
- 發展農業觀光

台中站
- 中部區域的發展及交通轉運中心

彰化站
- 發展花卉農業觀光
- 需增設東西向聯繫的交通

雲林站
- 帶動新興都市發展

嘉義站
- 發展自然觀光

台南站
- 文化古都，觀光客多
- 需增設聯外交通

左營站
- 南部商業及交通轉乘中心

人類的建設只會傷害自然……

所以我們要找到解決和平衡的方法！

2006年5月16日 **小木馬日報**

高鐵再度改道，

烏日站百年黃連木和「樹王公」榕樹得以保留

2008年6月1日 **小木馬日報**

高鐵與民間十多年來努力復育水雉棲地，

水雉數量從50隻增加到1200隻

量身打造的土建工程——隧道及路堤工程

隧道工程雖然只占高鐵全線的 19%，總長約 66.5 公里，但須開挖大大小小共 48 座隧道，其中位於高鐵台中站和彰化站之間的八卦山隧道長 7.3 公里，是高鐵第一長隧道。另一座林口隧道長 6.4 公里、還包含兩個豎井，工程十分艱鉅。

有一些地勢高低起伏的路段，不適合興建高架橋，也無法開挖隧道，就採取挖地做路塹或是填土做路堤的方式來完成高鐵路線，這就是路堤和路塹工程，占高鐵全線的 9%。

隧道設計不一樣

高速列車行駛於隧道內的空氣壓力變化，會產生很大的爆破聲，可能對人的健康產生影響，並影響舒適性，因此長隧道口需設置緩衝結構的假隧道，使壓力逐步發生變化，不那麼劇烈，同時隧道口上方開洞，釋放空氣壓力，隧道口斷面加大 1.5 倍，以減輕音爆的影響。

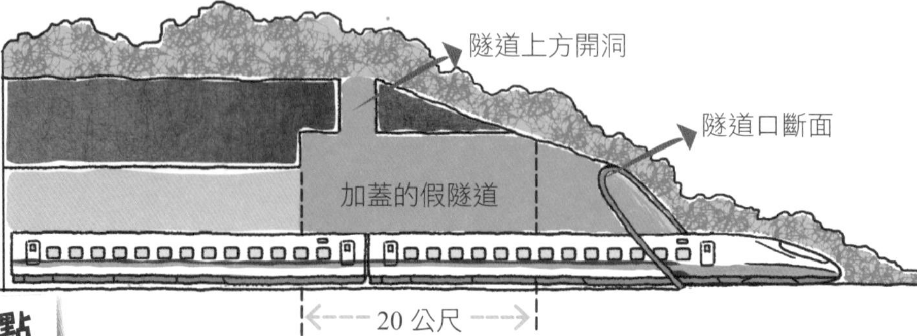

隧道工程路段安全施工重點

- 隧道斷面面積為 90 平方公尺。
- 隧道長度超過 3000 公尺（林口、湖口和八卦山 3 個隧道），需設緊急逃生出口。
- 桃園及台北地下段，每隔 750 公尺設置緊急逃生出口。

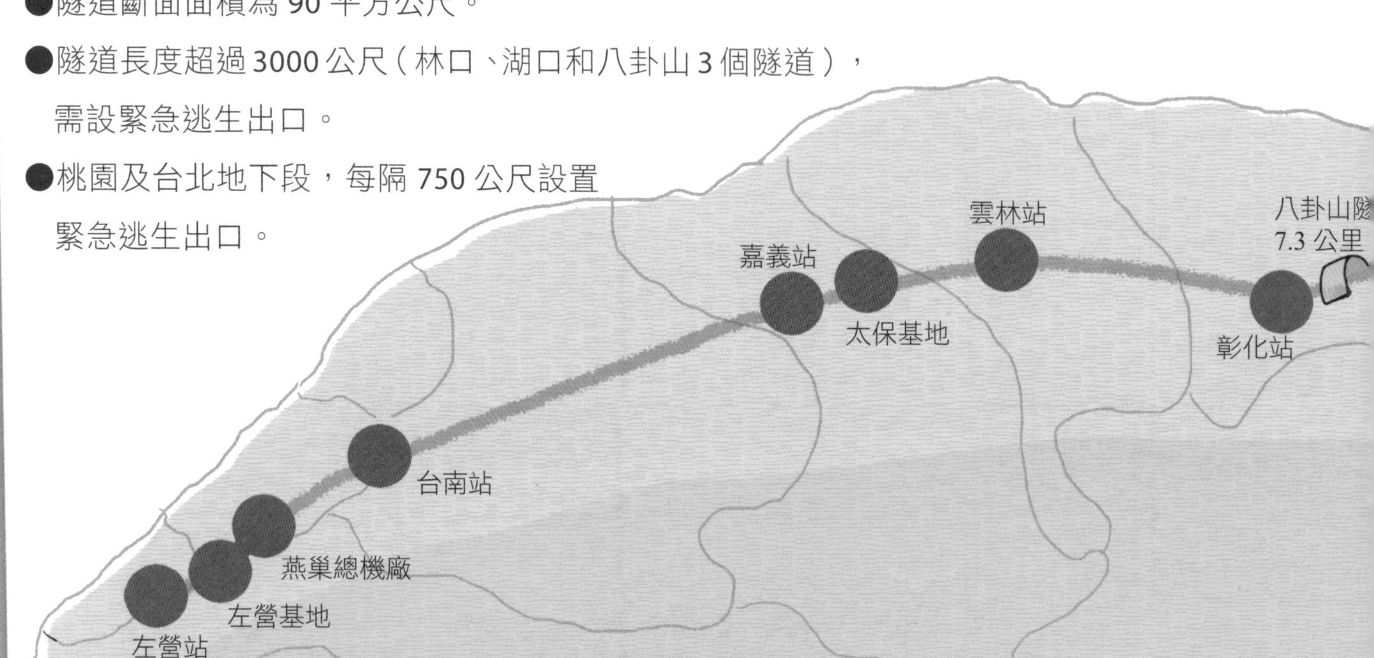

路堤和路塹工程路段

在隧道出入口的路段不長，適合採取路堤工程，把隧道挖出來的土方作為路基的填補材料，也十分環保。

其他還有邊坡、平面路段的整地等等，都需要挖土、填土，並且讓軌道平順。

高鐵工程的使用年限

* 一般土木工程根據設計及建材的強度，都有30、50，甚至是100年的使用年限。意思是建築在平日的維護下，100年內不會有重大的損壞。

土建設施	使用年限（年）
隧道及橋梁	100
挖填路堤	100
建築物	50
支承	60
伸縮縫	35
防水措施	25
機電設備	20
排水設施	100

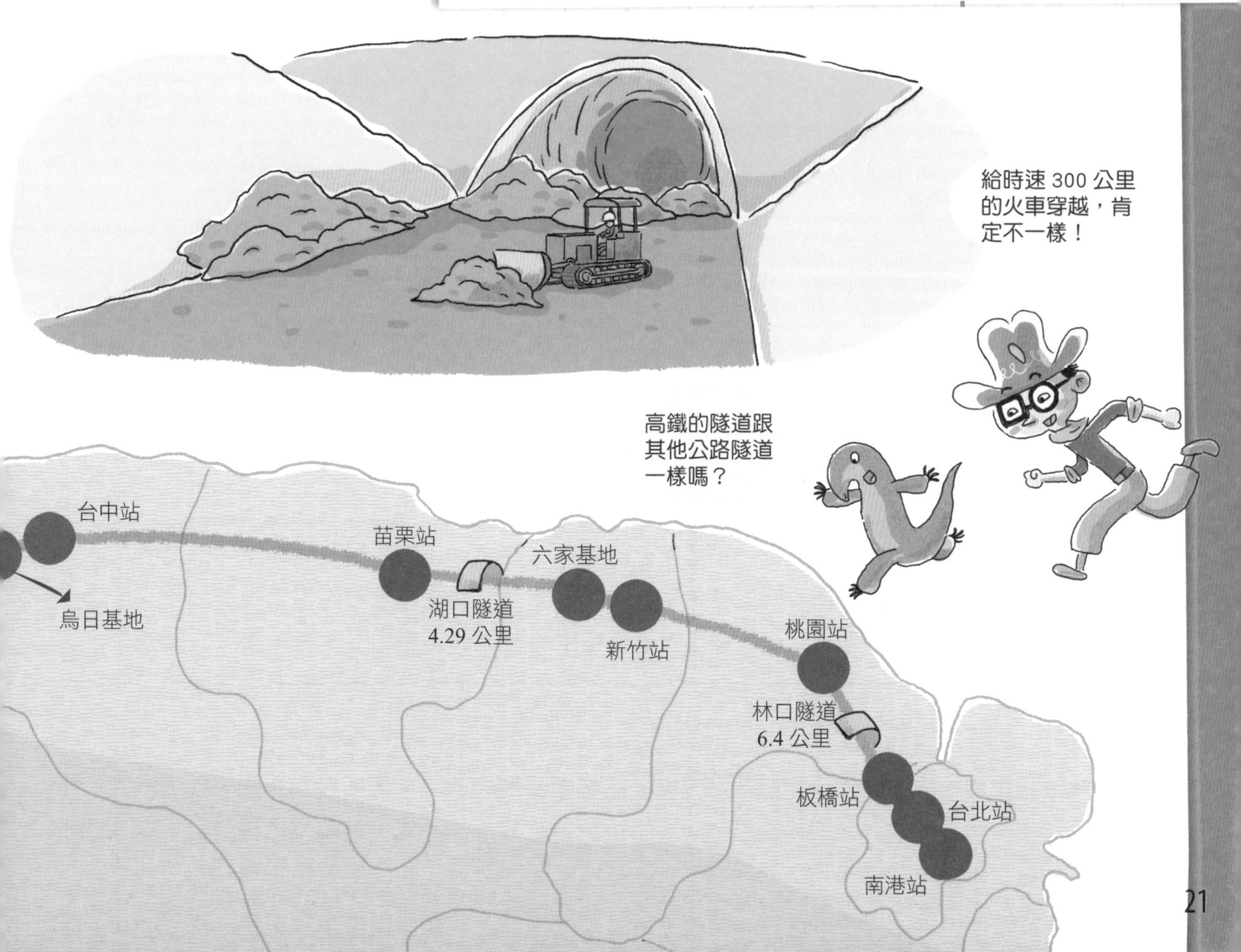

圖解台灣高鐵 2

量身打造的土建工程——橋梁及高架橋

台灣高速鐵路全線 350 公里，不設平交道，除山區外全部高架；橋梁及高架橋段約占 72%，隧道占 19%，其餘 9% 則採路堤或路塹形式。

台灣地形山多，且土地已高度利用，所以興建高鐵專用路權且採取橋梁及高架橋形式，是最能降低興建時對環境的衝擊。彰化八卦山隧道至左營路段採用連續高架橋設計，總長 157 公里，為全球第二長的高架橋。

高架橋及橋梁路段施工重點

- 約 252 公里。
- 高架橋每隔 3000 公尺需設緊急逃生梯。
- 設置出軌防護牆。
- 設置 1.25 公尺高的混凝土隔音牆，用來隔絕噪音。
- 高架橋伸縮縫設置鐵板隔絕噪音。
- 設置安全監測系統，監控地震、強風、暴雨、坍方、落石、洪水的狀況。

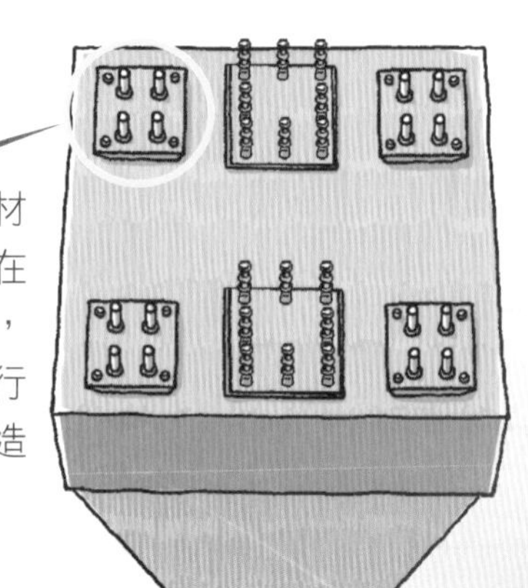
支承墊：利用鈑材和彈性材料安裝在箱梁和帽梁之間，減少地震及列車行駛的振動對橋梁造成損壞。

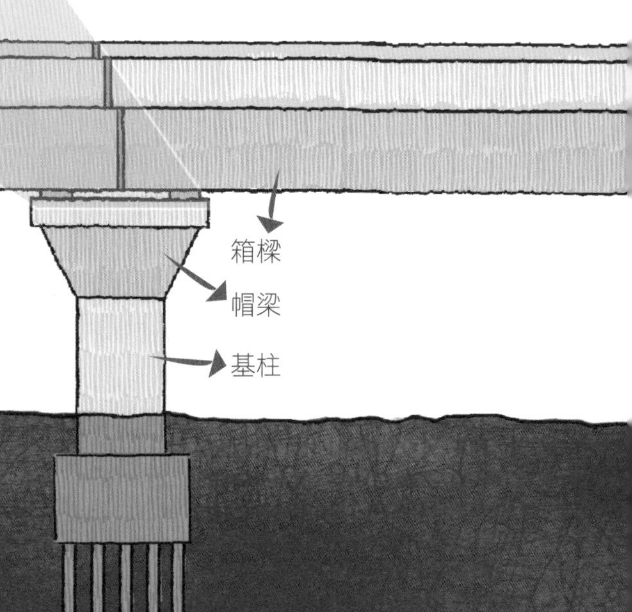

標準全跨預鑄橋梁

箱梁：在橋梁附近預鑄好，再透過門型吊車、特殊的運輸車運到組裝處。箱梁有 30、35 公尺兩種尺寸，分別是 680 噸和 820 噸。

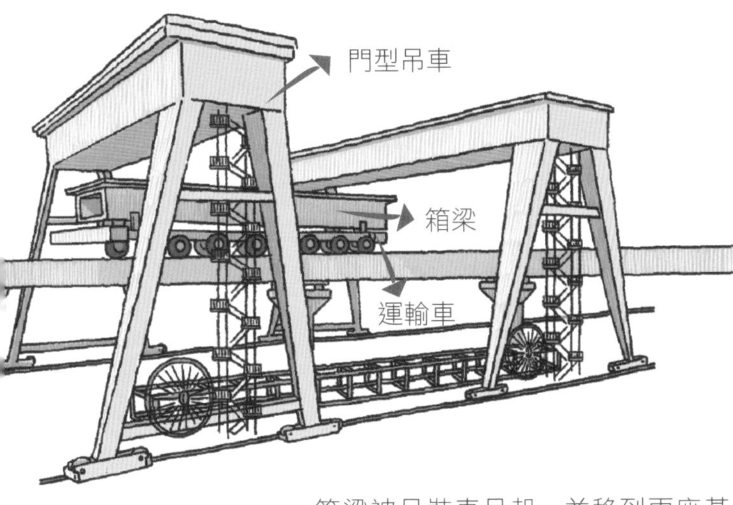

箱梁被吊裝車吊起，並移到兩座基柱上，對準位置後慢慢放到基柱上組裝。最快一天可組裝 4 跨箱梁。

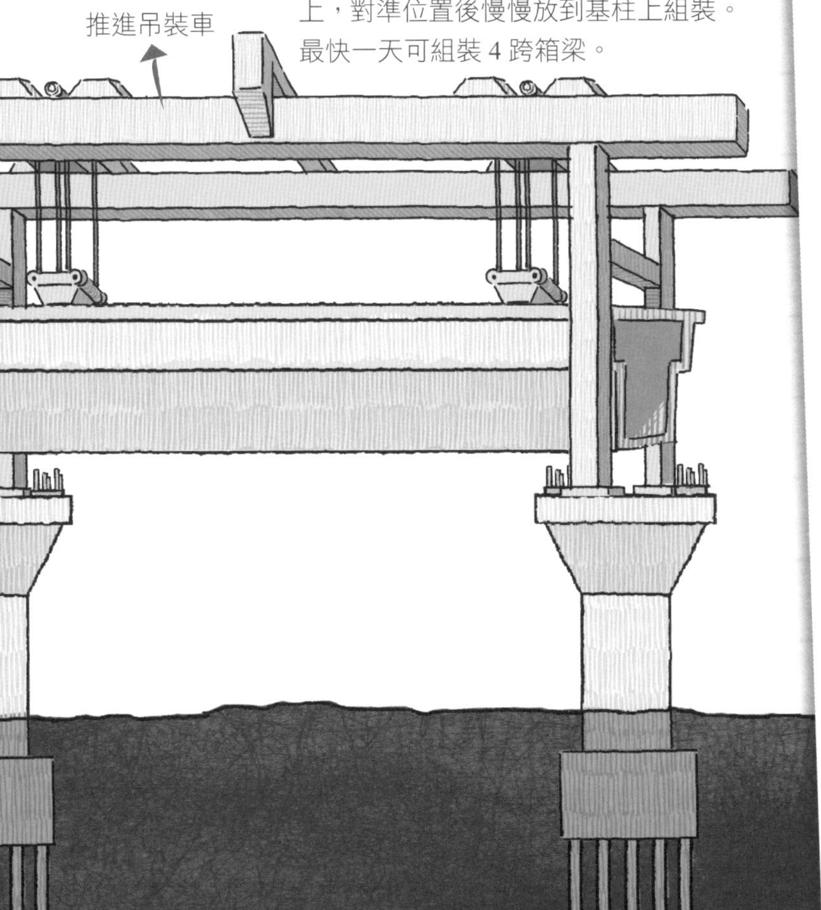

不同工法興建的其他橋梁

＊高架橋依據不同路段及地質，有不同的做法。例如跨越河流的推進式鋼橋、不影響交通的懸臂工法，及事先預鑄好到現場安裝，可以加快速度的標準預鑄橋梁等。

跨越河流及道路的鋼橋 台中站附近跨越筏子溪及高速公路的桁架鋼橋，此座鋼橋重達 2400 噸，分成三跨，總長約 410 公尺，是台灣規模最大的「推進式鋼橋」。

圖片提供／朱登子

跨越高速公路的懸臂橋梁

宛如小型聯合國的工作環境

1999 年，台灣高鐵動工，協助建設的海外工作人員來自 26 個國家，有來自日本、法國、德國、美國、英國等工程師共 5000 名，以及更多來自東南亞國家的移工。每天約有 6000 名本國人，以及超過 10000 名的國際移工在不同的路段工作著；完工兩年後，由於國內並無取得高速鐵路執照的專業駕駛，為此還聘請 52 名外籍駕駛，協助台灣高鐵營運。

這段期間的台灣高鐵，就像小型聯合國，聚集了國內外優秀的工作團隊和人員，為了讓大家溝通無障礙，以及讓身處異鄉的海外人士有家的感覺，高鐵公司還花了不少心思。

全球最大的 BOT 計畫

* 興建高鐵不僅是土建工程、鋪設軌道而已，還包含機電系統、維修基地、系統測試等，工程非常浩大複雜且所費不貲。高鐵最終採取 BOT 模式，也就是由民間興建（Build）及營運（Operate），70 年後轉移（Transfer）給政府，所預估的費用將近 5000 億元，是台灣第一個 BOT 的公共工程，也是當時全球最大的 BOT 案。

異國生活趣事多

＊參與台灣高鐵泰籍移工人數最多，除了生活照顧外，也需要顧及他們的信仰及文化。例如泰國人非常尊敬泰皇，宿舍會掛泰皇照，因此泰皇生日要放假；遇潑水節等重要節慶也會放假；還會不時舉辦泰國國球「藤球賽」。

＊一位德籍司機員在台灣工作時，得知在德國的父親生病了，他心急之下，入境隨俗的到台南媽祖廟許願祈福。之後父親好轉，他也依照台灣習俗還願，特別購置了一尊媽祖像，帶回德國。

2003 年 7 月 7 日

小木馬日報

各國工程人員以傳統習俗慶祝隧道貫通

林口隧道長度為高鐵長隧道第二名，地下水非常豐沛，施工難度甚至比高鐵最長的八卦山隧道還艱辛。如今隧道終於完工，負責林口隧道工程的日本工程人員，為了慶祝隧道貫通，特別以日本傳統的習俗，一起扛著清酒在貫通點來回穿梭，代表隧道順利打通。

高鐵長隧道第一名的「八卦山隧道」在 2002 年 8 月 29 日上午舉行貫通典禮。在德國地區流傳，礦工的守護者聖女芭芭拉，曾遭受崩塌的巨石壓倒在地，卻毫髮無傷，能庇護礦工。因此德國工程師也以頌讚「芭芭拉」女神儀式慶祝隧道貫通。

不會發出匡噹聲的軌道

鐵道工程和一般土木建設工程最不同的地方是要鋪設鐵軌。傳統鐵路軌道通常由兩條平行的鋼軌組成，鋼軌固定在枕木上，之下為小碎石鋪成的路碴。路碴和枕木不僅幫助鋼軌承受火車的重量，還能減少噪音、吸熱、減震及增加透水性。雖然鋪設較為簡便，造價也較低廉，但是容易變形，經常需要維修，列車速度因此受到限制。

台灣高鐵列車的時速高達每小時 300 公里，大部分的路段採用不鋪碎石的版式軌道，可以減少維護、降低粉塵、美化環境，乘客搭乘體驗也比較舒適，但造價則較傳統鐵路高。

台灣高鐵軌道總長度 86.6% 採用版式軌道，包含日本版式軌道、雷達軌道，以及低振動軌道，約為 299 公里，少部分地段仍採取道碴軌道。軌道由鋼軌、扣件和道床等部分組成，各種材料都在工廠鑄造後再運至現場組合，約花了 4 年完成。

日本版式軌道

台灣高鐵 80.9% 的軌道採用對防震有經驗的日本式軌道，以混凝土預鑄製作後，再搬到橋梁上固定，能夠確保品質，而且施工快速。

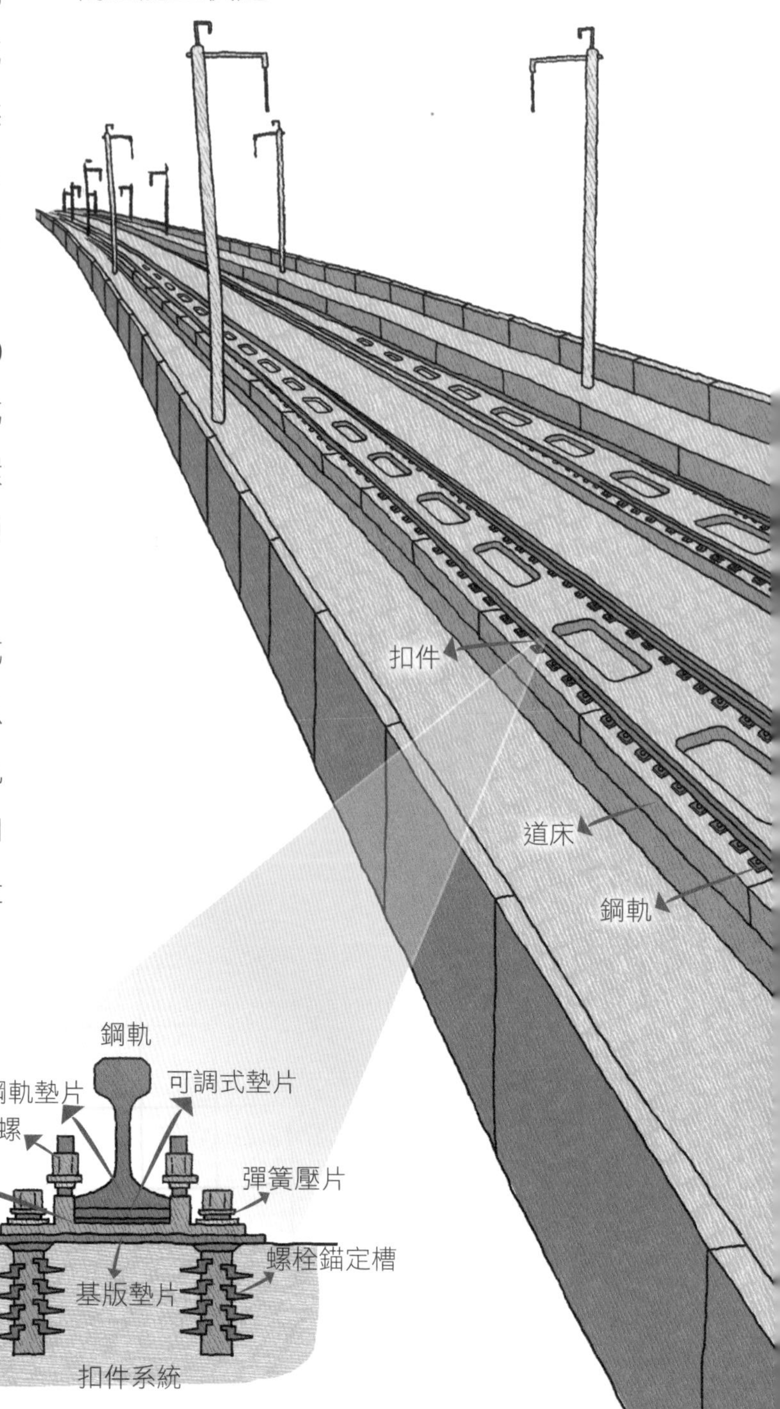

版式軌道是鋼軌、扣件系統、預鑄混凝土軌道版與防動塊等組合鋪設，加強軌道強度，而且利用扣件緊緊將鋼軌固定住，鋼軌就不會因熱脹冷縮而彎曲或斷裂。

原來以前火車發出聲音是因為鐵軌有縫隙。

現在的技術可以讓鐵道安靜又安全！

無接縫的鋼軌不會發出匡噹聲

＊傳統鋼軌鋪設時留有熱脹冷縮的縫隙，火車輪子經過時便會發出聲音。台灣高鐵軌道使用的是「長焊鋼軌」，就是將幾段鋼軌焊接起來，減少主線軌道上的接縫，沒有接縫的空隙，列車順暢的經過，當然就不會發出匡噹聲。

兩側各設 80 公分的安全步道，供緊急事故時疏散旅客，平時供維修人員使用。

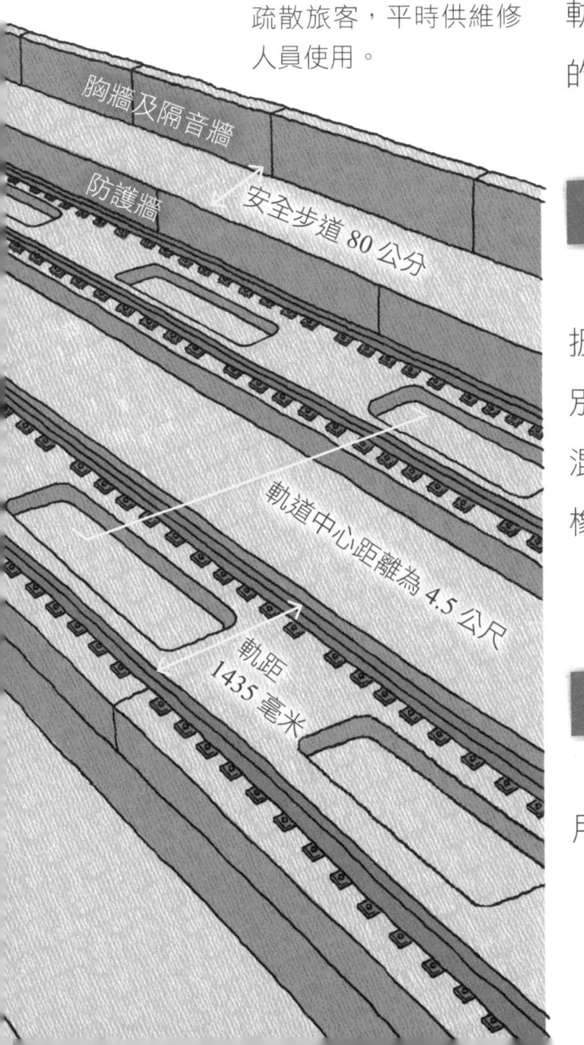

雷達軌道

靠近車站與車站內的版式軌道，選用雷達軌道，能精準的將軌道定位。

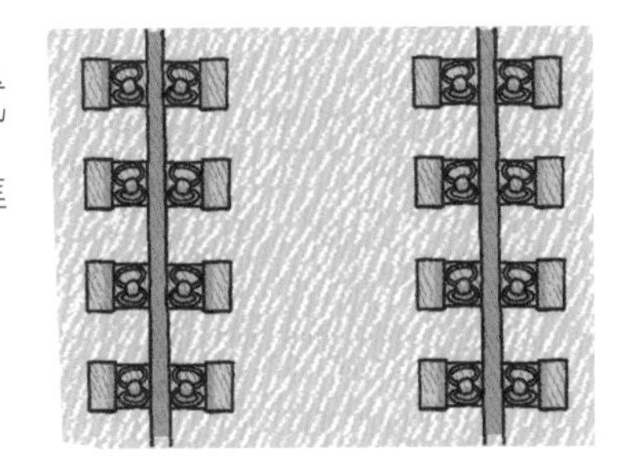

低振動軌道

在台北地下段，為了避免振動與噪音影響附近居民，特別選用低振動軌道，也就是在混凝土枕塊下，運用雙層彈性橡膠墊板減低振動與噪音。

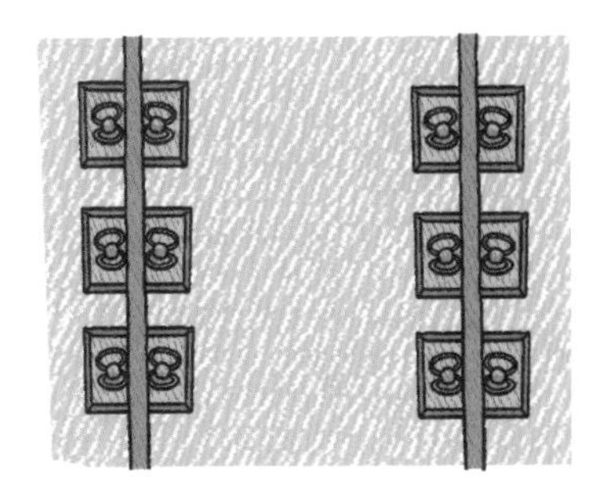

道碴軌道

只有少部分平面地段使用，如左營車站與維修基地。

靠電力風馳電掣

有了專用軌道後，成為高速列車的另一個條件就是「電力」。電力系統接引自台電變電站電源，由架空電車線系統傳送到送台灣高鐵全線，供線上列車的集電弓引接使用。各變電站均為無人化設計，透過遠端的電力遙控系統監視、控制整個高鐵電力系統。

架空電車線系統

台灣高鐵的電力由台灣電力公司供應，經由輸電設備輸送至各地變電站，透過電力遙控系統對各變電站進行調配與監控，將 25000 伏特的交流高壓電輸送至電車線系統。

電車線供應 700T 列車所需動力，再經鋼軌回流至變電站，並有過電壓保護系統、區分裝置，以確保旅客和高鐵員工的安全。

列車的動力分散系統

台灣高鐵列車共有 12 節車廂，由三個動力單元所組合而成。每一組動力單元由 3 輛動力車與 1 輛拖車所組成，這麼配置可以減低車體的重量和軌道的負荷，提高加速和爬坡的效率。同時因為電動機（馬達）多，即使其中一組電動機發生故障，列車也能正常行駛。

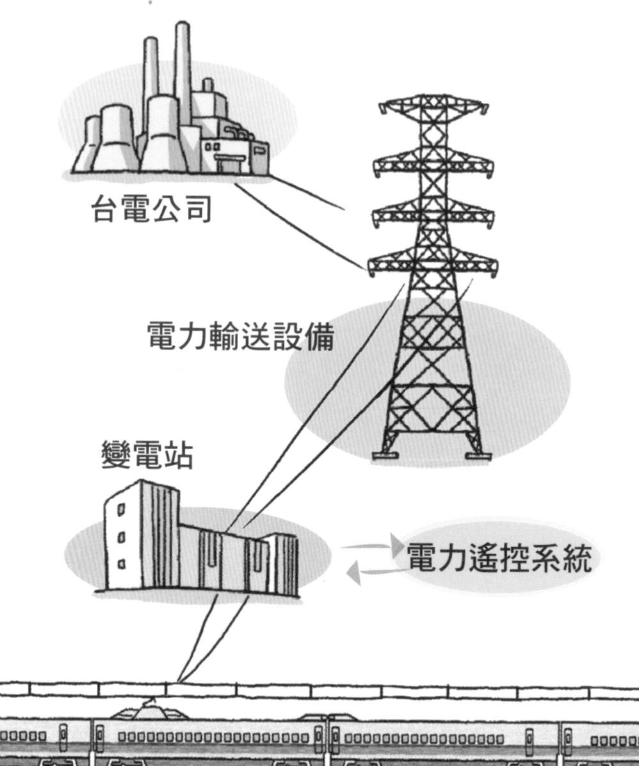

車廂編號	1	2	3	4	5	6
集電弓				<		
動力組態	Tc 無動力駕駛拖車	M2 中間馬達車	MP 中間馬達車	M1 電源動力車	T 無動力拖車	M1s 電源動力車
動力單元	單元 1					

集電弓

集電弓就像列車的心臟，分別位於第4節和第9節車廂上，必須不斷碰觸電車線，引接電車線系統的電力，提供電車動力才能行駛。同時，在集電弓上設有保護機制，一旦感應器偵測到集電弓有外物介入造成損傷，便會自動降弓和斷電，以保護供電線路與列車機電裝置的安全。

支架及懸臂

用來支撐所架設之電車線及其附屬設備，將接觸線依適當配置懸吊在軌道上方，當列車集電弓滑過時，能保持平穩的接觸電線，達到集電效果。

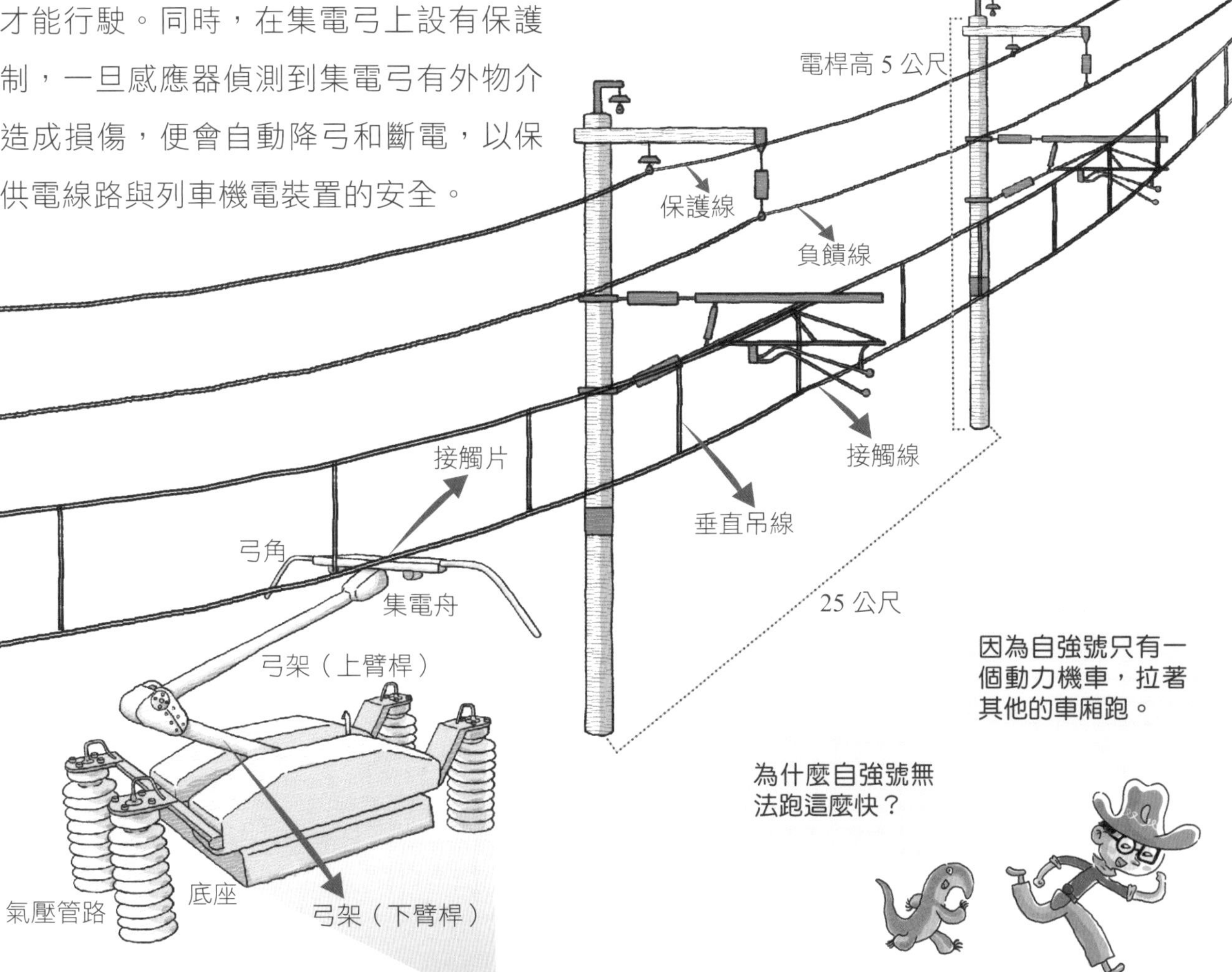

7	8	9	10	11	12
		>			
MP 中間馬達車	M2 中間馬達車	M1 電源動力車	MP 中間馬達車	M2 中間馬達車	Tc 無動力駕駛拖車
單元 2			單元 3		

有「鼻子」的高鐵列車頭

台灣高鐵列車型號 700T，是以日本新幹線 700 系為基礎，再依據台灣的需求，調整改良後製造而成的，因此 T 代表專屬台灣。與新幹線 700 系最大的不同，就是將車頭的長鼻造型改短，外型更為平滑流線。這是因為台灣高鐵路線所經過的隧道斷面較大，並不像日本的斷面小，不需要設計成如此細長來減低進入隧道時所產生的氣壓波。不過台灣高鐵的車頭雖然不是「鼻子」，卻也像是「鴨嘴」般，減少空氣阻力及進出隧道所產生的噪音。

問題：速度越快，進入隧道產生壓力波和音爆

列車進入隧道所受到的阻力比在一般路面上大。隧道內的空氣受到擠壓，壓力波在隧道內來回傳遞，導致乘客身體不適，並在出口形成音爆。

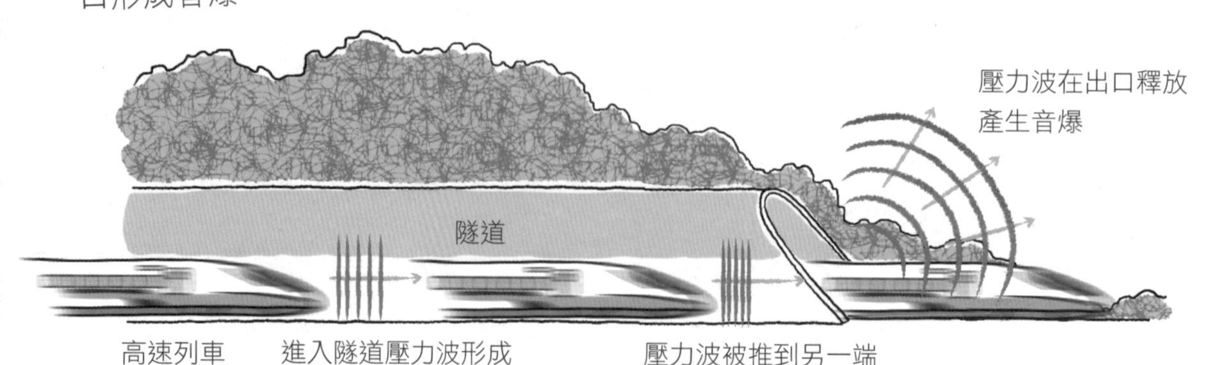

問題：速度越快，空氣阻力越大

台灣高鐵的時速可達到 300 公里，相當於飛機在低速飛行的時速，但它還受到地面氣流的影響。列車行駛時會受到空氣阻力、上升力、橫向力的作用，這會讓車體晃動，消耗大多數的動力。此外，兩車交會時空氣受到擠壓，也造成車體振盪。

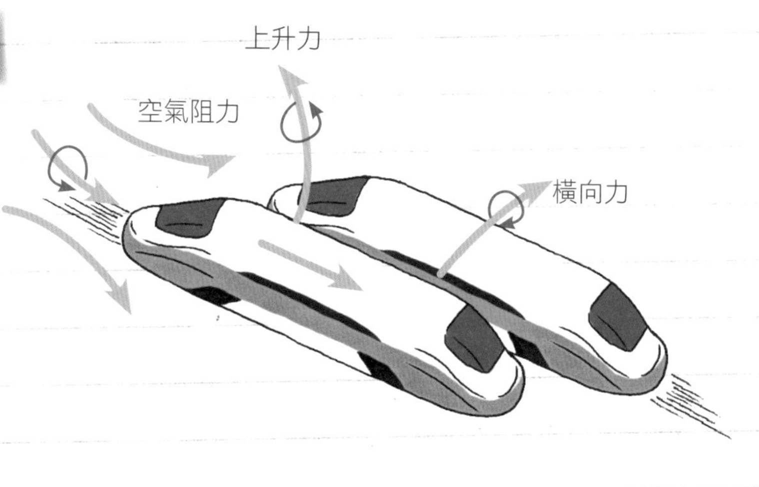

解決方法

為了對抗空氣阻力，工程人員透過風洞測試，發現表面光滑，像水滴也像子彈型狀的「流線型」，在運動中所受的阻力最小，能有效的提升速度。因此也有人稱高速鐵路火車為「子彈列車」。

這種形狀的車頭也有助於減少進入隧道後產生的壓力波，以及音爆造成的不舒服感，由於日本隧道斷面較窄，新幹線才設計出更為細長的車鼻。

鼻子裡的祕密

將高鐵車頭的鼻罩和鼻環拆開，就可以和另一台列車車頭連接上。當一輛列車失去動力時，就可以利用這個方式將列車拖回。

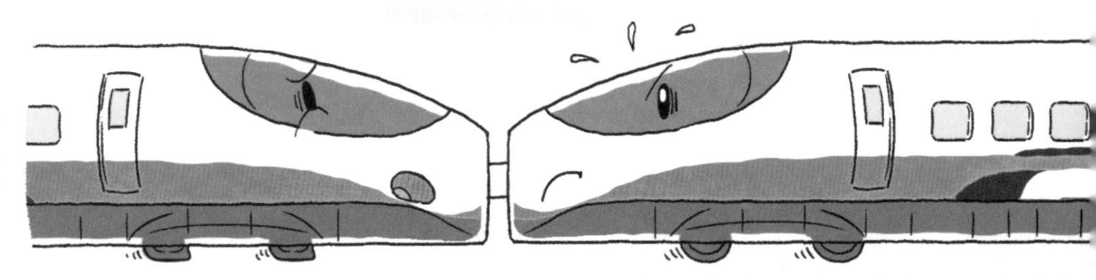

舒適安全的搭車空間

為了列車的安全與舒適，以及更省電節能的高速行駛，台灣高鐵的車殼特別採用輕量化的鋁合金製成，車體配備減震系統、電動車門，空調和給水的各種管道與外界連接處，也加裝了密閉裝置。在車廂與車廂相鄰連接處，提供旅客進出通道的風箱，甚至外車篷整流罩所使用的合成橡膠，都是為了讓列車能在高度氣密特性下，阻隔外在噪音，創造安全舒適的乘車環境。

閉密車廂的安全設計

在密閉的車廂中如果發生緊急狀況，該怎麼辦呢？每節車廂內都設置緊急逃生窗和破窗槌，車門旁也有緊急把手可以開門。但是緊急疏散時，一定要依照列車組員指示。

緊急手動開門把手：遇緊急狀況可手動開門。但無故開啟車門，將依鐵路法規定及公共危險罪處理。

廁所及自動販賣機等空間

緊急按鈕：遇到緊急狀況，按下紅色按鈕可與列車組員通話。

* 列車內部示意圖非依實際比例繪製

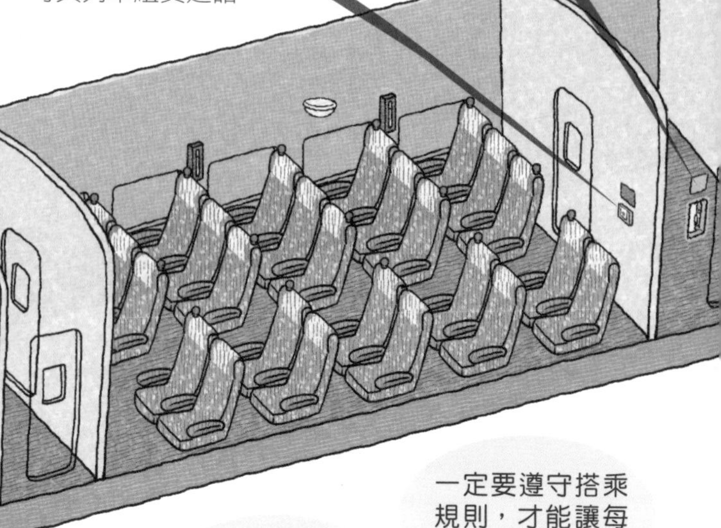

駕駛艙

每節車廂有 2 台轉向架，支撐著車廂的重量，沒有動力的車廂為 1、5、12 車，其餘車廂的轉向架裝有馬達，整列車共 36 顆馬達。

無動力轉向架

小木馬日報 2018年6月5日

高鐵列車車門已經關閉，男子竟然強行拉開車門

為什麼不能自行打開車門？

高鐵的速度快，列車行進時會造成很大空氣噪音和氣壓，使人不舒服，甚至會造成傷害。因此高鐵的車廂為密閉空間的設計，車窗也不能打開。若在列車行駛中，擅自開啟車門，很可能會傷害自己和別人，因此會處以罰款。

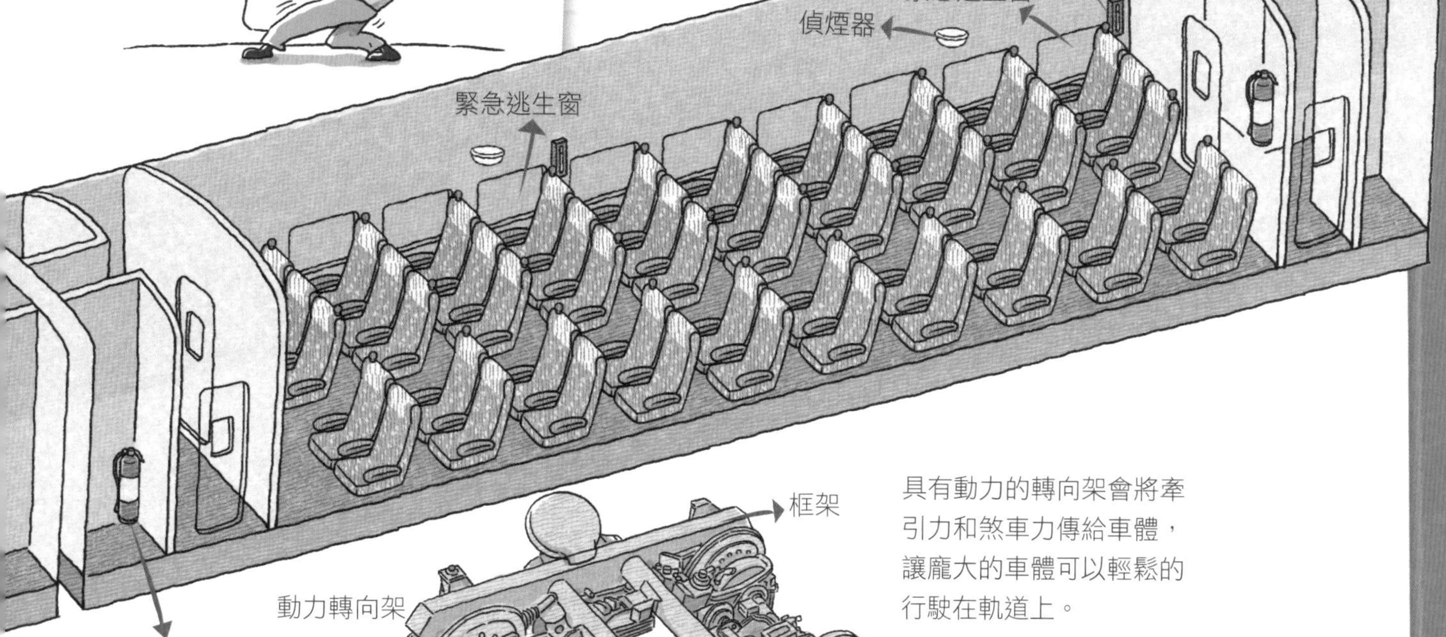

破窗槌
緊急逃生窗
偵煙器
緊急逃生窗
滅火器

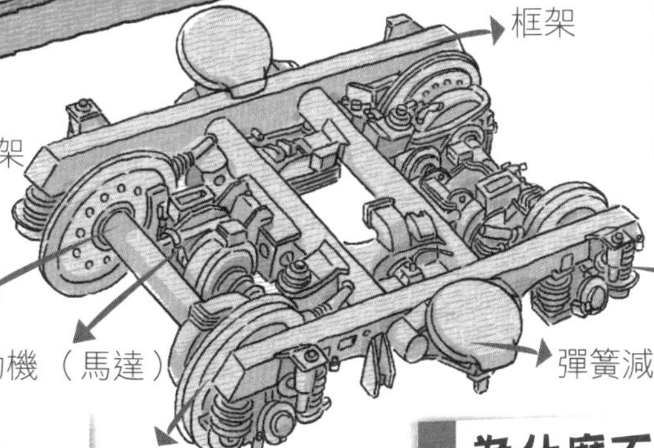

框架
動力轉向架
輪軸
電動機（馬達）
車輪
彈簧減震裝置
彈簧減震裝置

具有動力的轉向架會將牽引力和煞車力傳給車體，讓龐大的車體可以輕鬆的行駛在軌道上。

減震讓行車更安穩

列車行駛時所產生的振動，會由軌道傳遞至車輪，再傳到轉向架，最後再傳給車體。除了軌道有減震的設計外，每一個車廂的兩個轉向架內也設置了彈簧、減震器能使列車平穩的運行。

為什麼不能攜帶氣球上高鐵

一旦氣球被擠爆，容易造成乘客驚慌。氣球若不慎飛入軌道內，或掛在高鐵供電線纜上，可能造成斷電等事故，影響列車正常運行。

高鐵的超級大腦——行控中心

一般火車司機員靠著軌道上的號誌系統，辨識行駛軌道上的狀況，在平交道也有號誌提示過路車輛。

台灣高鐵以每小時 300 公里前進時，等於每秒前進 83.3 公尺，正常煞車最短要 7 公里以上距離才有辦法完全停止，即使緊急停車也得在 4 公里前才有辦法煞停。如果高鐵軌道上有狀況，駕駛以目測路邊號誌再剎車，根本沒有充足的時間反應。因此高鐵的號誌是顯示在駕駛艙的儀錶板上，駕駛必須每 3 秒就檢視一次儀錶，靠著行控中心的指示操作。那麼行控中心如何掌握軌道上的狀況呢？靠的是軌道上滿布的「機關」，以及 ATC（自動列車控制系統）。

自動列車控制系統，主要功能是監督軌道狀況、列車行駛速度、計算位置與精準停站，能提供列車駕駛適當資訊和警告訊號，使列車保持適當的煞車距離，也能提供中央行控中心或現場調度人員調整列車靠站時間。有了這套系統，即使在遠距的工作人員也能掌握列車的所有狀況。

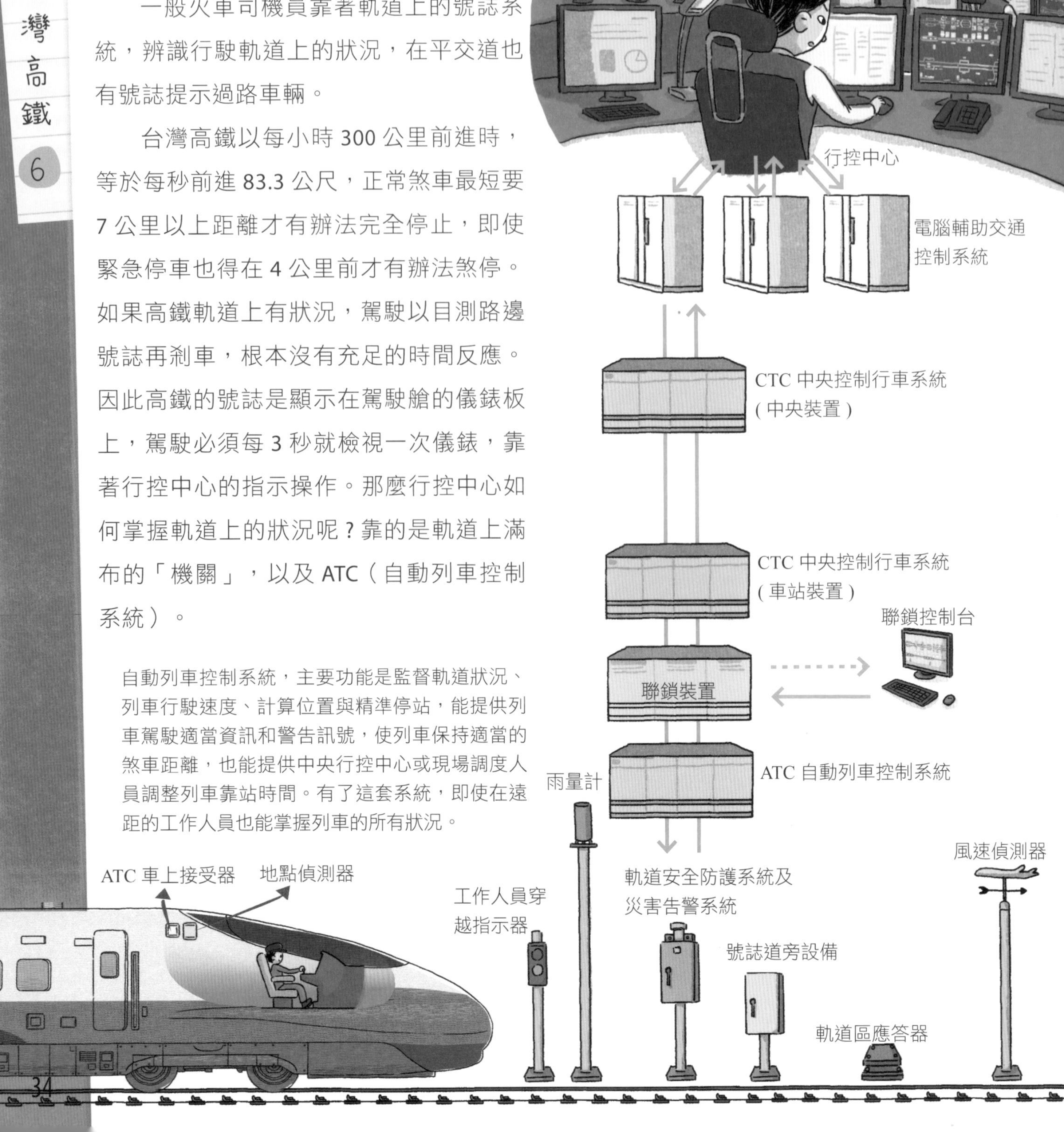

世界首創的裝置 1 自動到站停車

台灣高鐵列車停靠站時，車門會對齊地上的箭頭，關鍵就在台灣高鐵擁有世界首創的自動到站停車裝置，可以減低停車點失誤，讓駕駛專心留意月台的狀況。

世界首創的裝置 2 雙向運轉技術

台灣高鐵雖然使用日本新幹線系統，卻有一點大不同，新幹線的鐵道只能單向通行，台灣高鐵為了可以雙向通行，而設置了橫越線。

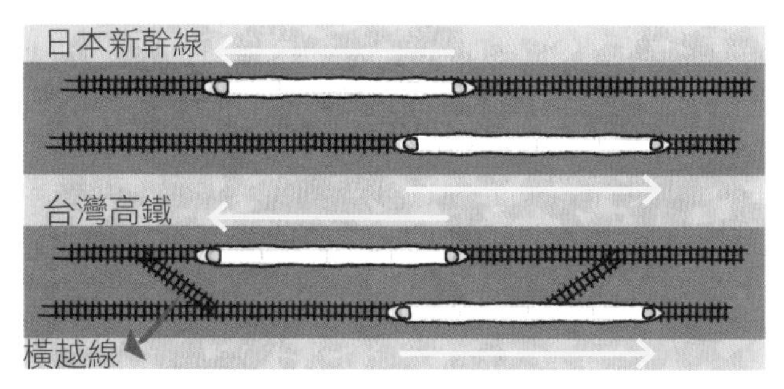

萬一列車故障，台灣高鐵可以運用橫越線切換到另一軌道，避開故障列車再回到原路線。

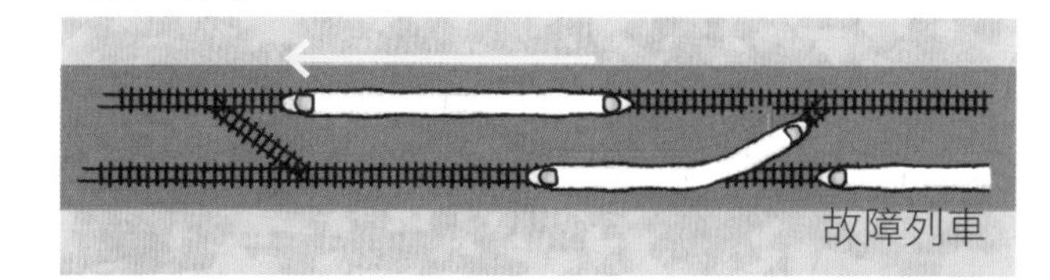

靠轉轍器變換軌道

*變換軌道最重要的就要靠軌道上的道岔控制方向，而負責推拉道岔的，就是鐵軌旁的轉轍器。由於高鐵速度比較快，道岔比一般鐵道的還要長，才能確保列車在變換軌道時平穩的行駛；道岔長，因此轉轍器也比較多，確保軌道密合及平順。轉轍器由行控中心在遠端操作，事先完成定位，讓列車變換至正確的行進路線。

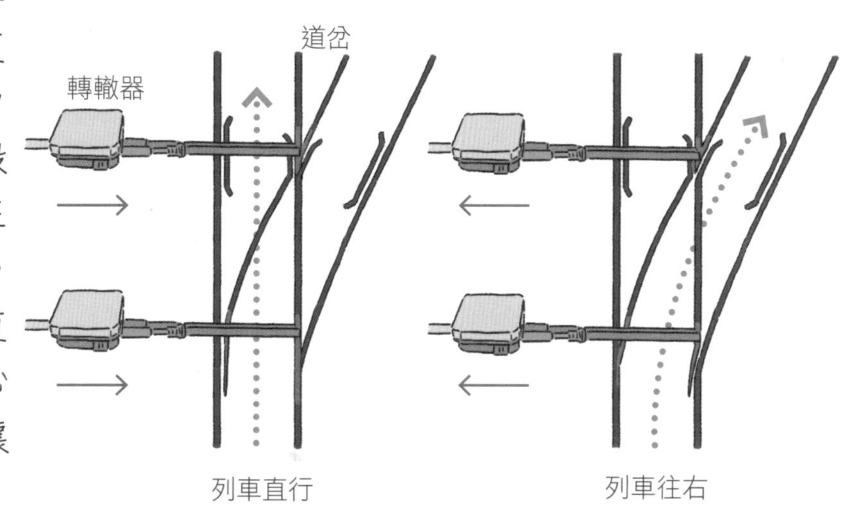

危機處理分秒必爭

台灣高鐵列車的運行除了依靠行控中心縝密的監控與調度，軌道系統透過聯鎖系統來控制行車路線與速度，一旦前車煞車，系統偵測到列車距離，會以「軌道電路」控制後車行車速度減緩，避免追撞。台灣高鐵全線設有 10 處號誌聯鎖區間，區間中只能有一輛列車，如果前車尚未離開此閉塞區間，後車是無法進入的。

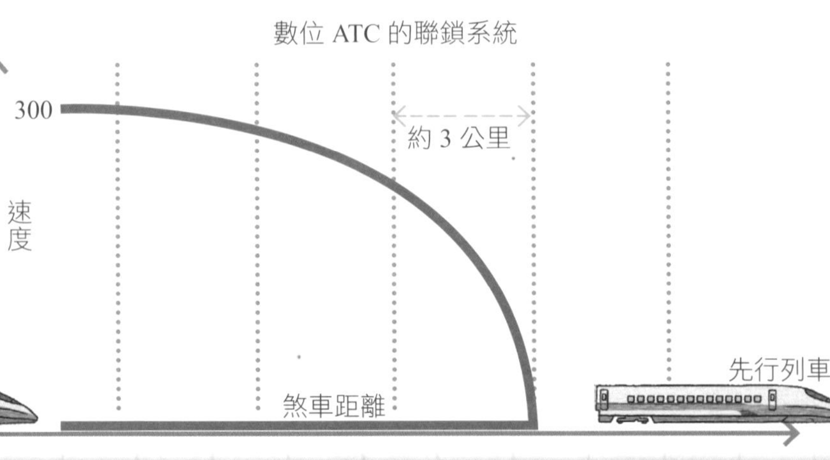

2020 年 12 月 31 日

小木馬日報

大型氣球觸電，高鐵列車被迫停駛！

台灣高鐵公司今日下午公告，14 時 41 分時，桃園至新竹間架空電車線，遭大型氣球纏繞，維修人員趕赴現場，攀上架空電車線排除。於下午 15 時 53 分恢復供電，並陸續恢復正常營運。

電車線障礙物通報流程

❶ 通報行控中心

❷ 維修人員出發前往排除

❸ 電線斷電、架設保護措施

❹ 工作人員攀登架空電桿排除障礙物

＊高鐵沿線周邊嚴禁遙控無人機進行飛行或空拍，以及施放煙火、風箏、氣球、天燈或其他可能影響高鐵行車安全的漂浮或移動物體。

小木馬日報 2018 年 12 月 29 日

山豬也想搭高鐵？

台灣高鐵一列左營開往南港的列車，昨晚行經苗栗——新竹段時，撞到了一頭山豬。這起事故導致部分列車停駛，狀況排除後於晚間 7 點 38 分陸續恢復正常。

當有異物入侵軌道時，依標準作業程序停車，下車查看。

2020 年 12 月 10 日

小木馬日報

高鐵三列車因規模 6.7 地震一度停駛

今日晚間台灣東部外海發生規模 6.7 地震，台灣高鐵苗栗以北部分路段，測得一級地震告警，造成三部列車一度暫時停車。

地震警報觸發後處理標準

地震等級	地震警報觸發區間行車限制			
	立即停車	停止運轉	進行地面巡邏檢查	緊急巡邏
1	✓	✓		
2	✓	✓	✓	
3	✓	✓	✓	路線單位針對受損區域進行地面巡檢及相關監測作業

* 地震等級按強度來分，和芮氏震度不同

維修一點也不能馬虎

平常台灣高鐵公司會安排列車進行日檢、月檢、轉向架檢修和大修。除了列車需要檢查維護，電車線、供電系統和軌道系統、號誌系統也要維修，才能確保台灣高鐵列車安全行駛。

維修工作分別在各維修基地進行，烏日和左營兩個基地，負責列車的檢查維修和清洗作業；六家及太保基地負責工務及電務檢修作業，也包含路線檢修如軌道系統、號誌系統、供電系統、電車線系統等；位於燕巢的總機廠則負責轉向架檢修、列車大修、臨時檢修等工作。

為了配合高鐵的行車時間，許多維修工作必須在列車發車前和高鐵站熄燈後才能作業。這些維修人員各個身懷絕技，不斷和時間賽跑，務必在短短的時間內完成維修工作。

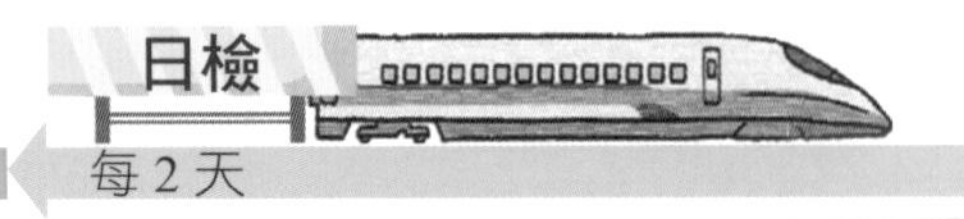

每 2 天

共維修約 5000 多組車組

每兩天的例行「日檢」都在夜間進行。維修前，必須先將 25000 伏特的高壓電切斷，在車頂檢查零件及集電弓的狀況。進行車底檢查作業時，則會乘坐暱稱烏龜車的車底檢修車，在 80 分鐘內，在列車底下巡行檢查列車內上千個零件，並做更換。

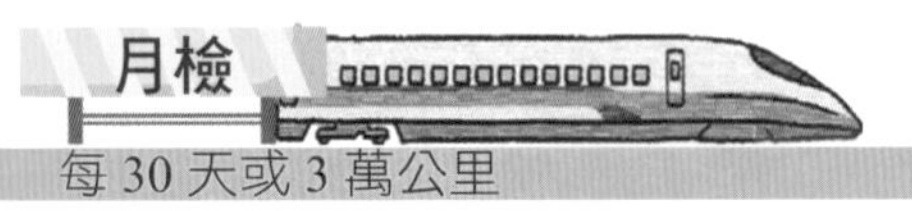

每 30 天或 3 萬公里

共維修約 700 組車組

跟日檢一樣，不會拆卸零件，對車輛運轉及功能採取更全面的檢查。同時檢查車體的接線絕緣電阻功能、利用超音波檢查車軸是否受傷，以及測量車輪踏面形狀是否變形。

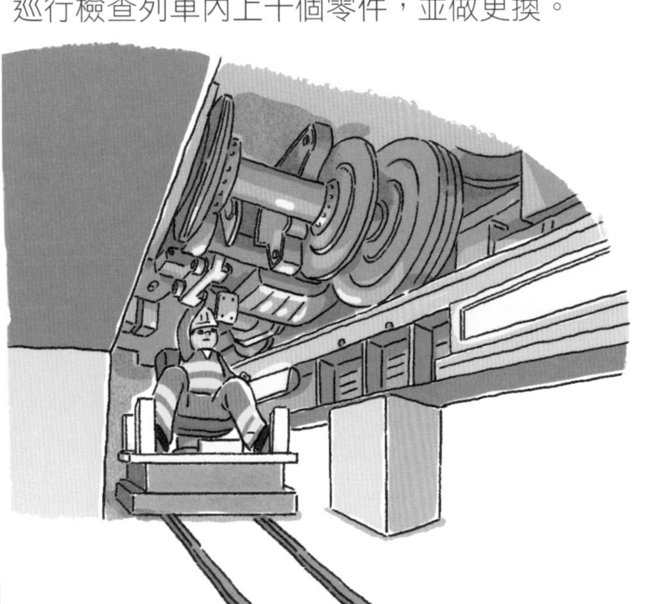

夜晚的「磨軌」工程

＊不只列車要維修，軌道也需要。軌道的維修都要等到高鐵站熄燈後，磨軌車才會開始作業。磨軌的作用是磨去鋼軌上的損傷，以及錐形踏面因重壓而硬化的疲勞層，延長鋼軌壽命。工作人員從半夜十二點到早上四點，才能磨 900 ～ 1000 公尺的軌道。要磨完台灣高鐵全線的鋼軌，需花兩年的時間。

轉向架檢修

每 18 個月或 60 萬公里

共維修約 30 組車組

轉向架是高鐵列車檢修時的重點。車輪壽命僅 4 年就得更換一次，另外軸箱、牽引馬達、增壓設備等等眾多零件，都必須一一拆卸清洗。

大修

每 36 個月或 120 萬公里

共維修約 15 組車組

每 2 年列車就得進燕巢的總機廠進行一次全面性檢修，經過恢復車輪圓滑度的車削、預檢、清洗、拆檢等，再用超音波探傷機檢測是否有肉眼看不出車軸潛在的「內傷」等。每次保養約 6 到 10 個工作天，出動約 100 人。

裡外都要清潔溜溜

在起訖站搭乘高鐵時，都會看到清潔人員列隊等待，列車一到，清潔人員便先行上車整理車廂，以 10 分鐘的時間迅速將車廂打掃乾淨。在這 10 分鐘內必須完成 12 節車廂共 989 個座椅、17 個洗手間的清潔工作，每一個動作，最短只有 20 秒就必須完成。在高鐵列車行駛時，車上只有一位清潔人員，在車廂內收集垃圾，讓到站後的清潔更加順暢。

台灣高鐵列車每天要往返北高 6 趟，車廂外部歷經長途奔馳的日晒雨淋，沾上了空氣中的髒汙，又遭遇昆蟲、鳥類等生物的撞擊，再加上鐵軌和集電弓摩擦的鐵鏽，列車車身就會出現黃泥般的汙漬。

4 人 2 車廂 +1 廁所，10 分鐘的清潔任務

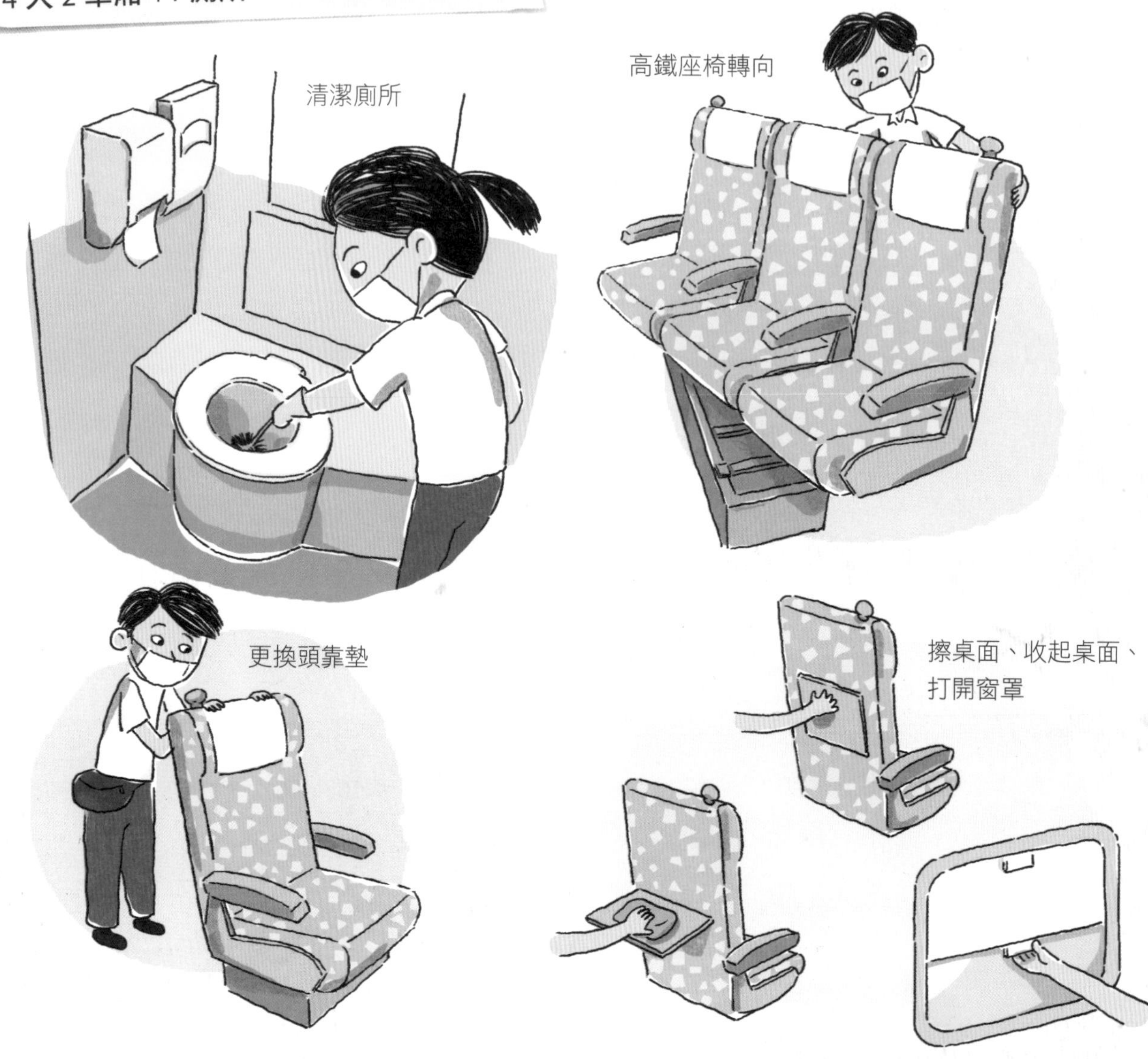

因此每輛高鐵列車除了內部清潔外，還需要定期「洗澎彭」，每 2 天一次的「日檢」，列車會通過大型洗車機，以鹼性洗劑清洗車身。接著清潔人員拿著刷子、綁上繩索，站在車頂上重點清洗車頭、車身、車窗，洗掉列車比較容易沾上油汙、灰塵的地方。再來是每 15 天一次，以酸洗劑洗淨深層的鐵鏽。

35 人 1 列車，1 小時的清潔任務

列車進高鐵洗車機，300 公尺的車身全身洗一遍。再吹乾。就像是一般汽車洗車機一樣，不過更為高大，刷毛面積也加大、轉速也加倍。

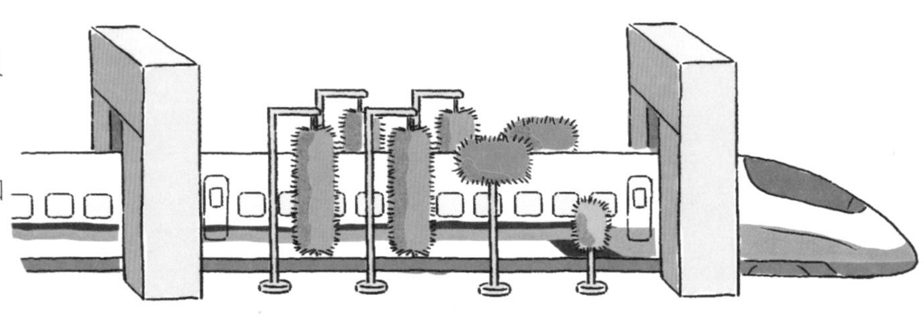

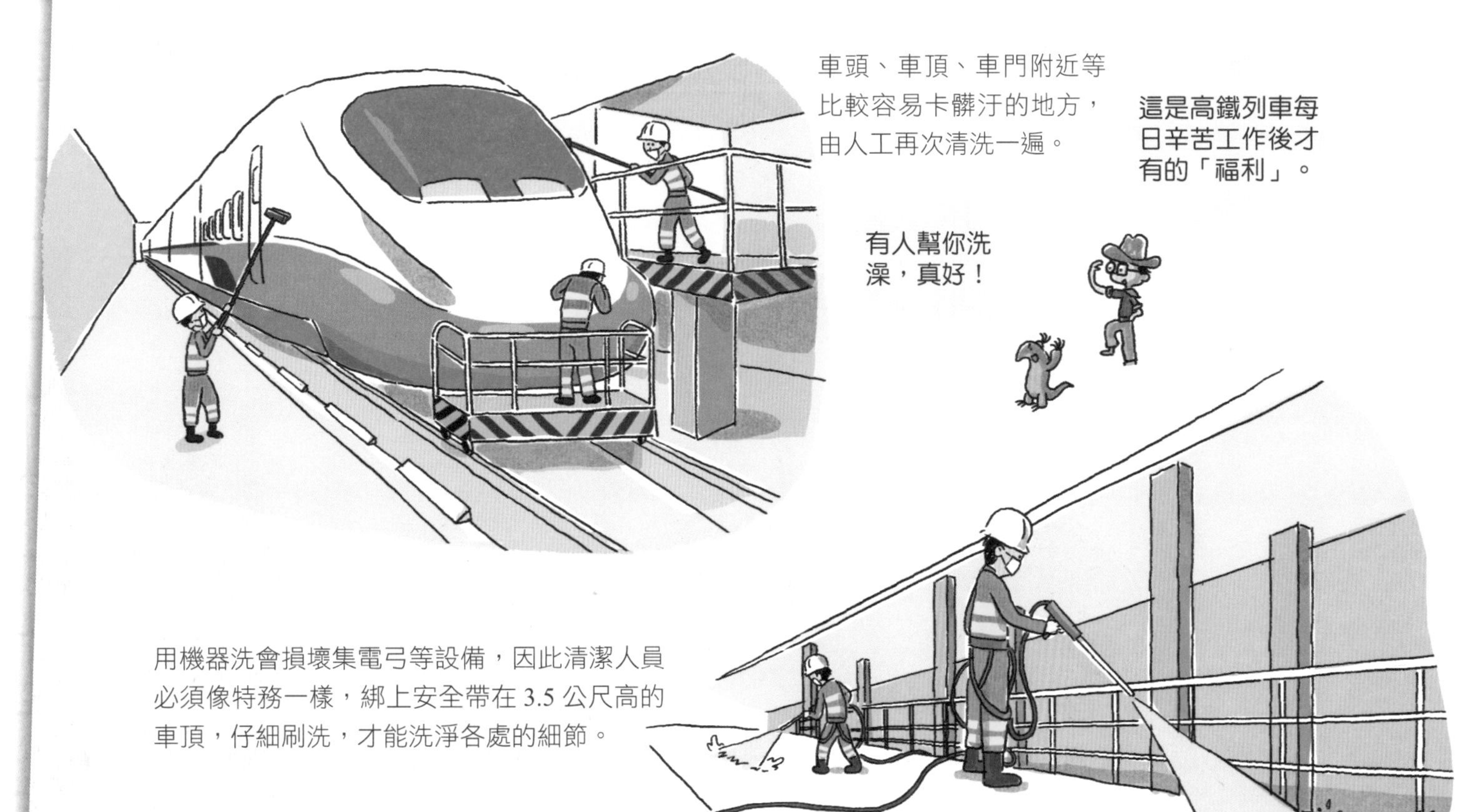

走在科技與環保尖端的高鐵

台灣高鐵的行車速度快，乘車體驗舒適，在通車不久，就達到 58% 的國人在長途旅程中會選擇利用的交通工具。但高鐵不僅止於滿足這樣的服務，在便利、效率上，運用科技不斷開發新的服務工具，並且也不忘環保，維持在開工時保護生態的初衷，持續減碳，並創造綠建築車站，是一個與時代一起往前跑的高速鐵路。

國人選擇長途洽公返往的交通工具

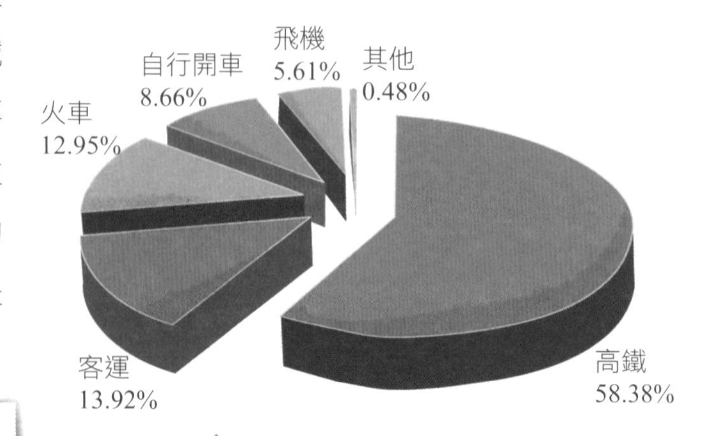

高科技：列車長的史密斯系統 SMIS

列車長的手機上有一個厲害的查票系統。史密斯系統可以看到這一班車賣了多少票、什麼樣的人坐在這裡。列車長查票不需要逐一向每一個乘客核對，往往只需目測觀察，若是乘客購買兒童票，坐著的卻不是兒童，列車長才會趨前查驗票。

史密斯系統中可以看到每個車廂中的座位，都以不同顏色和形狀呈現。座位的顏色表示票種、座位上的號碼表示起訖站、座位的形狀則表示座位的預約售票狀態。

車站也可以這麼漂亮。

車站蓋得漂亮又注重環保，那才叫厲害！

圖片提供／達志影像
苗栗站

苗栗站將屋頂提高，設置了隔熱空間，阻絕來自屋頂的熱氣，並透過 LOW-E 玻璃與垂直遮陽板，來調節室內外溫度。不僅如此，苗栗站更將周圍環境與車站設計融合，並加入地方客家文化，讓旅客一出車站就能體會地方風情。

好環保：取得綠建築標章的車站

高鐵有三座車站得到了綠建築標章，分別是得到黃金級標章的「彰化站」和「雲林站」，以及得到最高級——鑽石級標章的「苗栗站」。

這三座車站都設置了太陽能發電設施，可供車站大廳的電量使用，估計每年每站可節省 6 至 11 萬度電。此外，車站也設置了廢水和雨水回收裝置，作為綠地澆灌用水，彰化站的廢水回收率甚至已經達到了將近 90%。

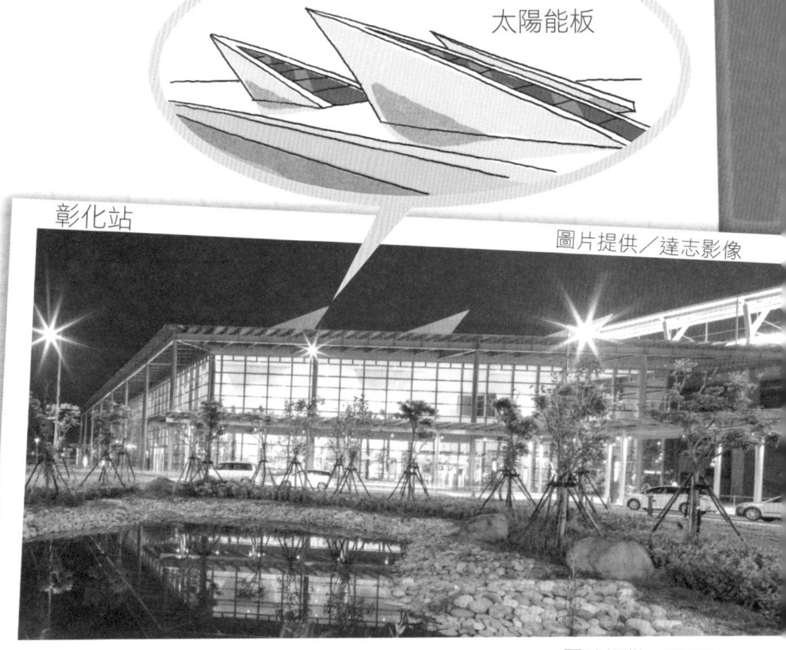

彰化站
圖片提供／達志影像

圖片提供／蘇昭旭

台灣鐵路的百年歷史

記者／卜方企

在台灣高鐵之前，台灣已有總長約 1114.5 公里的火車軌道，目前共 3 條主幹線、10 條支線，以及 240 個車站。台灣的鐵道由交通部台灣鐵路管理局負責經營，自 1891 年通車以來，已有一百三十年歷史。

為什麼台鐵使用窄軌距

* 與鄰近的日本一樣，台灣山多、地勢曲折，因此一百多年前，在設計軌道時，採用了 1067 毫米的窄軌距。這樣設計不僅能使用比較小一點的車廂，還可以使火車的轉彎半徑比較小，也就是能夠在比較彎的幅度上轉彎，並大幅減少興建的費用。

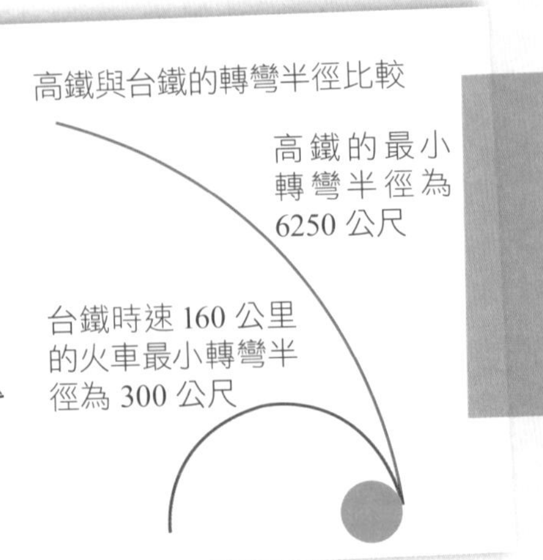

台灣火車的重要階段

圖片來源／蘇昭旭

❶ 台灣日治時期普遍使用蒸汽機車騰雲號，這是當時數目最多的貨運用蒸汽機車 DT580 型。

❷ 1913 年由日本引進，有蒸汽火車國王之稱的 DT650 型蒸汽機車。

❸ 1960 年代，火車進入柴油化，自日本購入第一輛柴電機車 R0 型。

❹ 1966 年，DR2700 型光華號，車速最高可達 110 公里，創下以 4 小時 40 分的北高行駛時間。

❺ 1979 年鐵路完成電氣化，第一代 EMU100 型自強號電聯車取代柴聯車光華號。

❻ 2007 年，第一代的傾斜式 TEMU100 型太魯閣號電聯車，開啟台灣鐵路東幹線開始高速化。

台灣鐵路的重要發展

圖片來源／維基百科

搭火車環島一定很好玩！

1887 年

全台鐵路商務總局成立，相當於現在的鐵路局。

1887-1893

在德國、英國工程師路技術指導下，完成了基隆——台北段，以及台北——新竹段的鐵路。

1895 年

日本人來台成立「鐵道部」，規劃縱貫鐵路工程。

1895-1943 年

除了縱貫鐵路，為開發台灣資源，鐵道部陸續興建軌距 500 ～ 762 毫米的「輕便鐵道」，或收購其他支線，如煤業鐵路、金礦鐵路、水泥鐵路、鹽業鐵路、林業鐵路、軍用鐵路、糖業鐵路等，以連接縱貫鐵路的主線。

1908 年

縱貫線全線通車。

1919-1936 年

鐵道部修建宜蘭線、海線、花東線，並且部分路段開始逐步鋪設為雙軌。

1936-1945 年

縱貫線全線鋪設雙軌、修建屏東線。

圖片來源／維基百科

1948 年

二次大戰結束後，台灣鐵路管理局成立。

1973-1979 年

台鐵完成西部幹線電氣化。

1998-2020 年

高屏段、宜蘭線、北迴線、台東段、屏潮段及南迴線陸續電氣化完成。

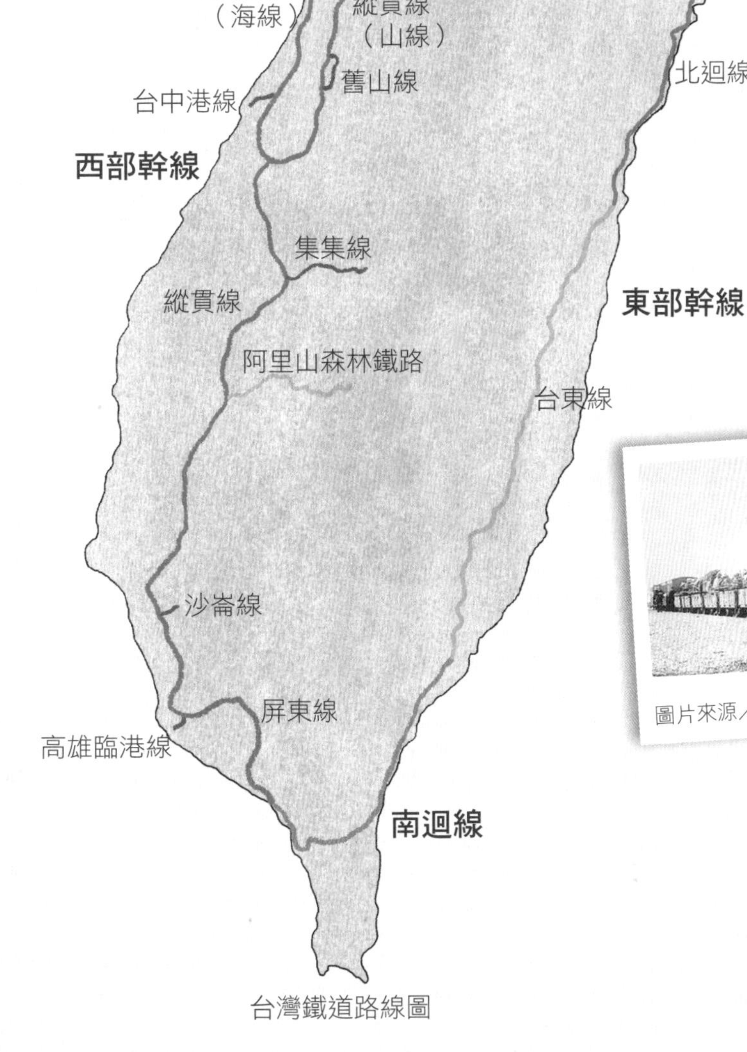

台灣鐵道路線圖

台灣的捷運和輕軌

記者／卜方企

台灣高鐵速度快，車次密集，連接台灣各城市，負責中、長程的城市之間運輸。台鐵速度雖不及台灣高鐵，也有專用路權，負責短、中程的城市之間運輸。都會區內運輸則由捷運和輕軌執行。

台灣規模最大的捷運系統——台北捷運

台灣最早投入營運，規模最大的捷運系統為台北捷運，是為了紓解大台北地區流量龐大的交通而建造的。第一條捷運路線是 1996 年通車的木柵線，接著淡水、中和、新店、南港、板橋線及土城線通車。目前營運的路線總長約為 146 公里，車站共有 131 個，並仍有新的路線在規劃中。

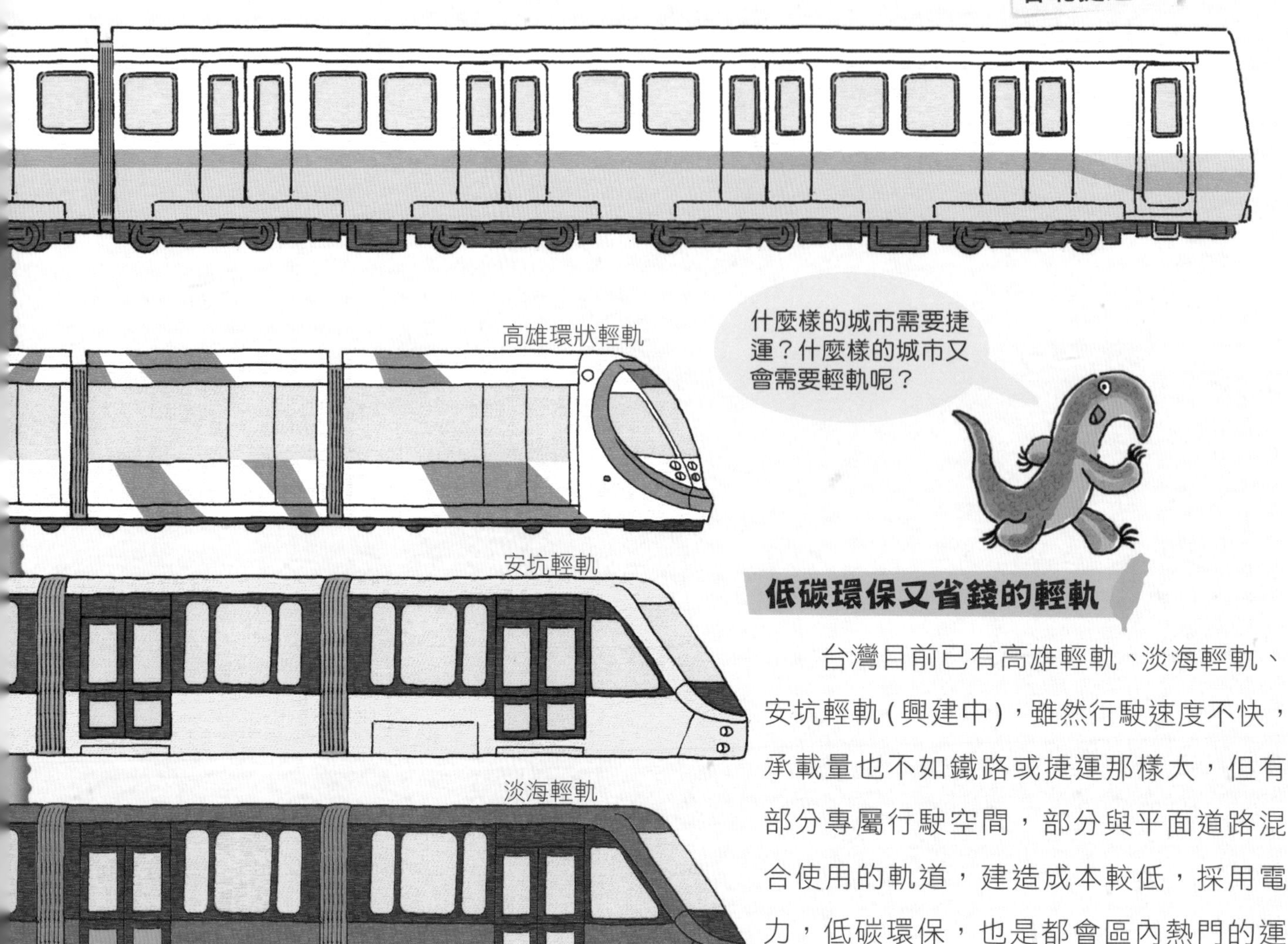

低碳環保又省錢的輕軌

台灣目前已有高雄輕軌、淡海輕軌、安坑輕軌(興建中)，雖然行駛速度不快，承載量也不如鐵路或捷運那樣大，但有部分專屬行駛空間，部分與平面道路混合使用的軌道，建造成本較低，採用電力，低碳環保，也是都會區內熱門的運輸工具。

台灣五大捷運系統

* 捷運全名為大眾捷運系統，在專用的路軌上行駛，沒有紅綠燈，行駛途中很少受到干擾。採用電力牽引，具有半自動或自動化行車控制系統，列車會依照預設的程式自動控制列車行駛的方向、速度和停靠站；遇到緊急狀況時，能自動啟動緊急煞車，保護列車跟乘客安全。台灣目前已有的捷運系統分別為台北捷運、高雄捷運、桃園機捷、新北捷運以及台中捷運。
* 平均時速 30 ～ 40 公里
* 班次密集，最高可 1 ～ 2 分鐘一班，每小時單方向可以運輸 2 ～ 6 萬人次

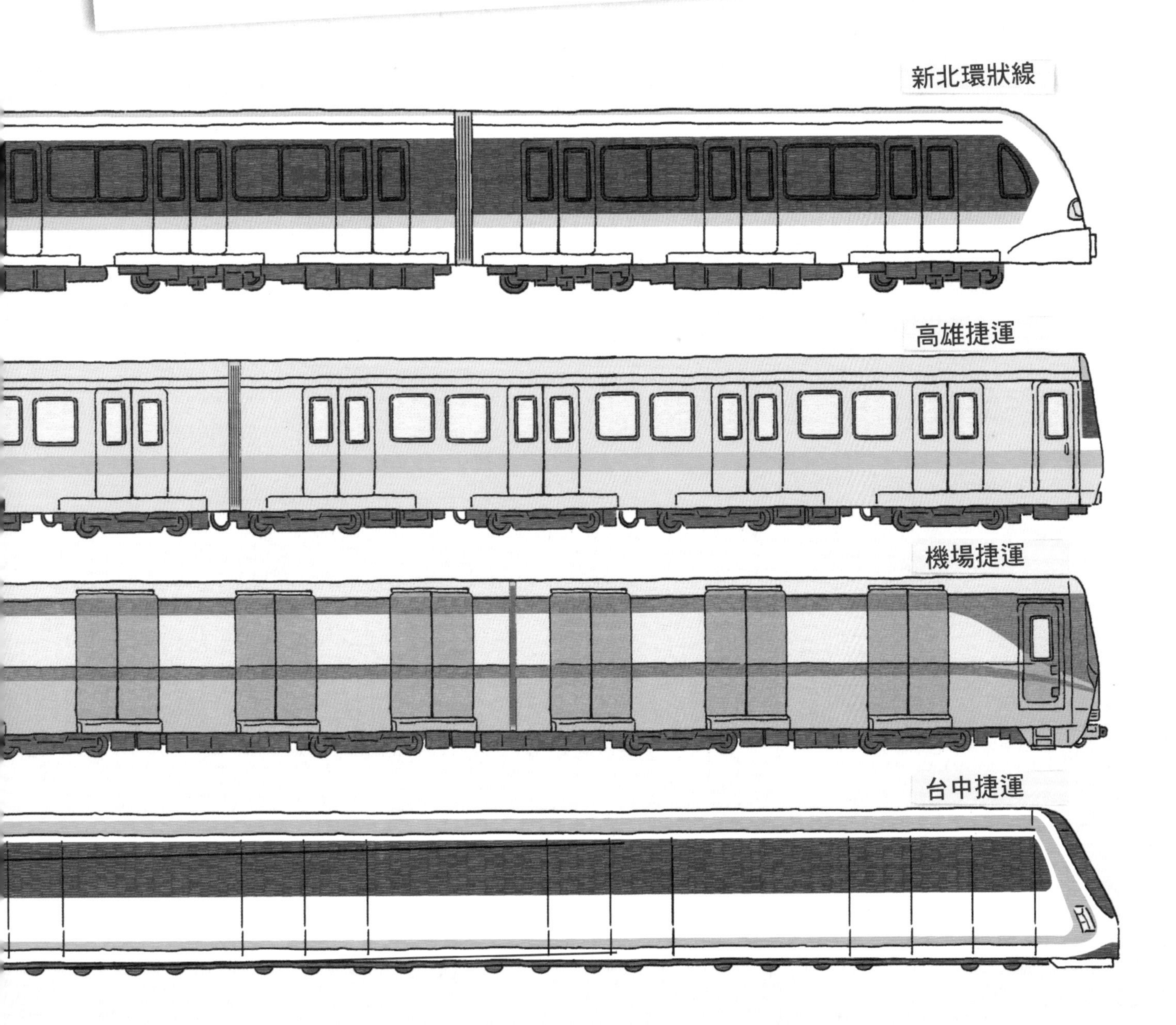

軌道是怎麼來的？

記者／卜方企

現代的軌道系統主要源自於英國，史蒂文生利用蒸汽機發明了動力機車頭後，英國有了第一條鐵路，軌道的標準也由此制定，並影響世界各國。

在英國建造第一條鐵路之前，利用軌道的交通運輸已經有上千年，希臘、羅馬、中國會在石板路上設置車輪的凹槽，為了方便馬車或是貨車行駛在固定路線。

到了 1500 年代，為了不使礦場的礦車陷入泥巴地裡，開始鋪設木板軌道，使礦車走得更平順。18 世紀時，鐵礦增產，有人用鐵製金屬鈑修理和加強木製軌道，在當時成為重大發明。

不過金屬鈑如果斷裂很容易傷及無辜，所以後來有人用實心鑄鐵製軌道，又改變車輪的輪緣，終於成為現在我們所熟悉的鐵軌。不過這時候的軌道還是馬車的天下。

圖片來源／維基百科

馬匹、貨運車輛及軌道設備，是早期運煤礦、運貨物等非常重要的軌道系統。

為了使軌道更耐用，在木板上鋪設鐵板，後來更設計成 L 型固定車輪，讓貨車不輕易脫軌。

1800 年代，英國政府批准公共鐵路的建造。有了鐵路後，不少發明家躍躍欲試，希望用自己製造的蒸汽火車，和馬車一較長短。1801 年，第一部蒸汽火車由英國礦場工程師理查 · 特里維西克所發明。不過直到 1825 年，英國史蒂文生的「火箭號」，順利跑完 40 公里的鐵路，才終於宣告蒸汽火車的時代來臨。而由史蒂文生所改良的 4 英呎 8 又 1/2 英吋的軌距，最終成為英國以及大多數國家所採取的標準，也就是 1435 毫米標準軌距。

史蒂文生是英國科學家、工程師，也被譽為「鐵路之父」。

圖片來源／維基百科

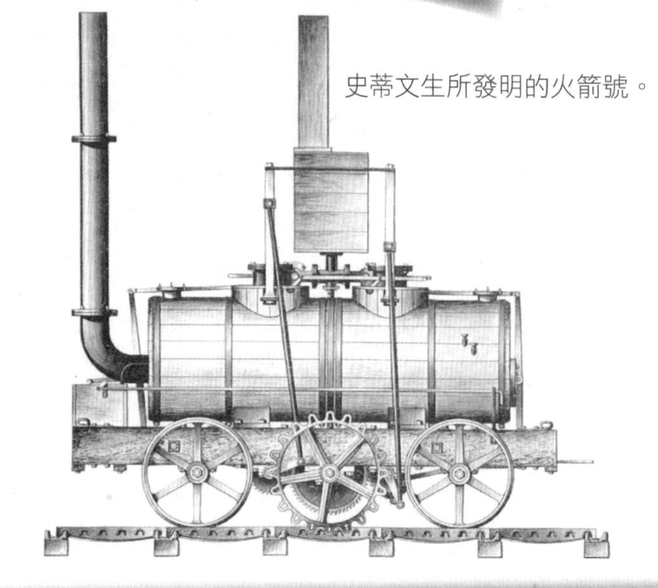

史蒂文生所發明的火箭號。

軌道尺寸是兩匹馬屁股的寬度？

* 據說，鐵道軌距剛好是兩匹馬屁股的寬度，約 1435 毫米，這是因為古時馬路不斷被馬車輾壓留下了明顯的輪跡凹槽，別的車子一旦改用其他尺寸的輪軌，就可能因尺寸不符輪跡而顛簸，甚至拋錨，於是才
* 鋪設了木扳或是後來的金屬軌道，而軌道的距離就成為鐵軌標準。

不過現今的軌道標準是由英國的科學家史蒂文生所制定，他的火箭號車輪距離為 5 英呎 4 又 3/4 英吋，是為了不超過當時隧道寬度所設計，而軌道要比車輪距離再窄一點，並且在多方考量下，最終設計出現在的標準軌距。

我挖洞穴的痕跡，是不是也能成為一條軌道呢？

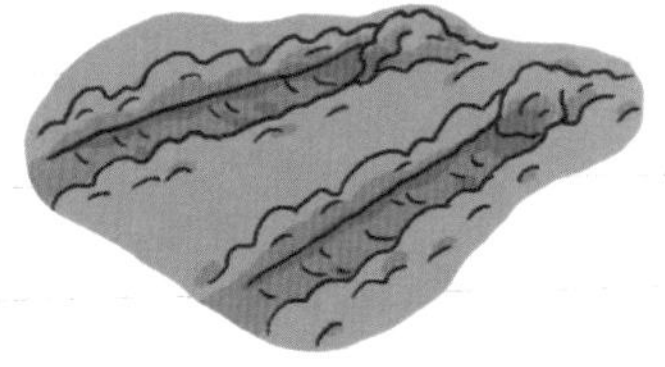

全球第一條高鐵——日本新幹線

記者/卜方企

日本是全球第一個投入高速鐵路研究與製造的國家，於 1964 年完工的東海道新幹線，成功成為全球第一條高鐵路線。

東海道新幹線現在仍是全球最繁忙的軌道之一。每天運量最多可高達 400 車次以上，平均 3 分鐘就有 1 車次行駛出發。第一輛新幹線列車——0 系列車採用子彈頭的流線造型，時速最高可達 220 公里，迅速帶動沿線城市經濟成長，使日本從二次大戰的負債中走向經濟復甦，也刺激其他國家如法國 TGV 和德國 ICE 的高速鐵路發展。0 系列車於 2008 年正式退休，僅有 2 輛輸出日本海外，其中一輛來到台灣，成為台灣高鐵的測試列車，目前存放於台灣台南站展示。

新幹線的意思是相對於當時日本舊有鐵道，興建出一條全新的主要幹線。

圖片來源／蘇昭旭

高鐵的仿生科技

＊東海道新幹線 0 系列車之後又發展出 100 系、200 系、300 系、400 系，時速也從 220 公里逐漸提升到 240 公里。到了 1997 年發展 500 系時，為了每次列車進入隧道時，因內外壓力差造成乘客不適以及形成的噪音，成了工程師中津英治的最大難題。自小熱愛鳥類的他，最後在翠鳥身上找到了解答。他觀察翠鳥的嘴喙，因此改良車頭，成為現在高速鐵路列車擁有長鼻子的設計始祖。

圖片來源／蘇昭旭

新幹線 E4 系電車的鴨嘴獸車頭造型，是為了降低進入隧道的壓力波噪音而設計。

因為科技進步，新幹線的路網、車型和最高速度不斷推陳出新，從 1964 年的 200 公里到 2014 年提升至 320 公里，至今已有 9 條路線，將日本大多數的重要都市連結起來。列車也持續開發，如被大家暱稱為「鴨嘴獸」的 E4 系、鼻子最長的 E5 系，以及創下時速 382 公里的 E956 等。不過因為很多路線的路段限制速度，新幹線部分列車最高速度雖早已超過 300 公里，但營運時仍大多保持在 300 公里左右。

新幹線以準時、舒適、安全等特色，在全球高鐵界中擁有極高知名度，新幹線技術也不斷向海外輸出，如台灣高鐵 700T 型列車與機電系統就是以新幹線做為系統基礎，中國高鐵的部分技術，以及正規畫與興建中的印度、英國、義大利、泰國、美國德州高鐵，都採用了新幹線系統。

如果先看到我的鼻子，說不定高鐵車頭就像我了！

新幹線 E5 系的鼻子長度為 150 公分，下方還設置了除雪刀。

圖片來源／蘇昭旭

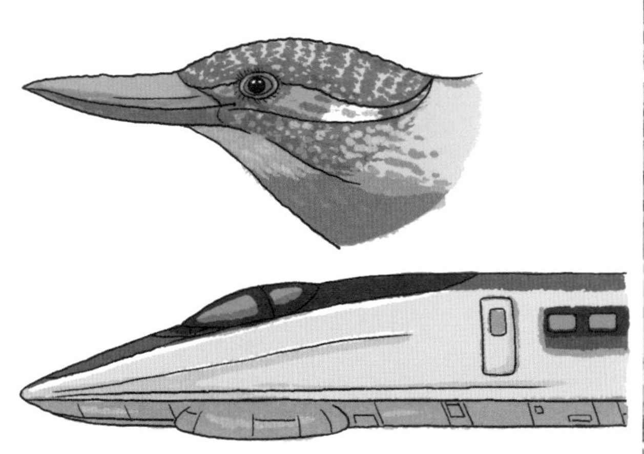

後起直追的歐洲高速鐵路系統

記者／卜方企

對歐洲大部分國家來說，它們的軌道都是 1435 毫米的標準軌距，如果要發展高速鐵路，並不需要大費周章的重設軌距，而且法國、義大利、德國等國家都持續改善提高火車的速度，再考量城市和城市之前的交通時程，火車票和航空票價的比較，以及人們的需求等因素下，高鐵的發展較晚，直到 1981 年，法國才成為全球第二個擁有高速鐵路系統的國家。

法國的 TGV 高速列車

法國很早就把軌道科技當成國家發展的重點，早在 1930 年代，傳統火車就有每小時 196 公里的時速，到了 1950 年代，更嘗試發展有別於傳統火車的氣墊列車，獲得社會極大好評。

法國也曾經試驗出時速超過 300 公里的火車，但卻無法維持穩定運行，日本新幹線的成功，大大的刺激了法國。因此法國國鐵立刻開始他們的高速鐵路計畫，但是他們認為高鐵的關鍵在火車車體設計上，而不是軌道。

1970 年代，法國發展出高速列車（TGV），氣墊列車因為動力耗能遠超過 TGV 而未繼續研發。1976 年 10 月 TGV 開工，7 年後順利通車，是繼日本之後，世界上第二個商業運營高速鐵路的國家，也一直維持全球高速列車運營速度最高的紀錄，更是歐盟各國的高速火車的技術標準。TGV 技術也被出口至韓國、西班牙和澳大利亞等國。

氣墊列車車體設計像是沒有翅膀的飛機，無車輪，將高壓氣體注入列車下方，使列車像氣墊船般的懸浮在軌道上。

圖片來源／達志影像

圖片來源／蘇昭旭

法國第一款為跨國路線設計的列車，並加入了比利時、荷蘭等國的電壓，最高時速可達 320 公里。

圖片來源／蘇昭旭

相較於第一代和第二代列車，城際特快列車第三代的車頭比較細長，也是 ICE 列車中時速最高的列車。

德國的 ICE 城際特快列車

歐洲還有一個致力發展高鐵的國家——德國。德國除了發展磁浮列車，在標準軌距鐵道上運行的城際特快列車（ICE）也有不斐成績。德國境內的 ICE 線路主要是連接各大城市，形成完整路網，而非追求最短行車時間。

德國開通了多條歐洲跨國高鐵路線，與英國、比利時、荷蘭、瑞士和奧地利合作，乘客可以乘高鐵跨越多國。注重環保節能是德國高鐵的一大特點，2000 年，推出 ICE-3 列車，時速可達 320 公里，卻比汽車和飛機更為節能。ICE 技術也輸出至中國、西班牙、俄羅斯等國。

比高鐵更快的高速磁浮列車

記者／卜方企

高鐵是目前速度最快的大型地面公共交通工具。製造時速每小時達 300 公里以上的高鐵，技術已不成問題，不過時速超過 300 公里以上，輪軌材料摩擦軌道會產生過熱現象，而使列車行進時發生意外的機率提高。為了安全緣故，各國高鐵作為載客營運時，時速都不會超過每小時 300 公里。如果想要更進一步提升列車速度，就必須另闢蹊徑，發展更高速的軌道交通工具——磁浮列車。

圖片來源／達志影像

在德國磁浮試驗線曾跑出時速 500 公里的磁浮列車。

最早投入磁浮列車研發的德國

早在 19 世紀末就有人提出懸浮列車的構想，例如用氣球使列車「漂浮」在路軌上行駛，或用水流使列車運行。直到 1922 年，德國工程師赫爾曼．肯佩爾提出利用「磁力」使列車懸浮，懸浮列車得以落實的構想才出現一線曙光。

1969 年德國在埃姆斯蘭設置了一處磁浮列車的試驗路線，2002 年成功將磁浮系統輸出到中國，也曾測試出時速達到 500 公里的磁浮列車。原本規劃行駛於慕尼黑往機場的路線，花了 8 年，卻因建造經費過於昂貴，最後不得不喊停。

兩種磁浮列車懸浮的方式

＊全世界的磁浮列車分為兩個系統。德國研發的是吸引式磁浮列車，車身下方的磁力極性與軌道上極性相異，軌道上的磁鐵會把列車車身「吸上來」，當吸力和列車的重力達成平衡時，車身就會浮在軌道上。中國研發的磁浮列車也屬於這一款。

圖片來源／蘇昭旭

返於上海浦東機場到上海世博展覽館站的磁浮列車，大多都是觀光客前來搭乘體驗磁懸浮的高速技術。

準備大試身手的中國磁浮列車

德國研發廠商與中國合作，2002 年在上海建設了一條磁浮列車示範營運線，時速可達 431 公里，是目前世界上最快的磁浮系統。30.5 公里的路程，僅 8 分鐘就能抵達。

因為磁浮列車行駛時與軌道不發生接觸，沒有輪軌摩擦，維護較少，列車沒有脫軌風險，同時擁有「快起快停」的技術，也適用於中短途客運，因此中國將大力研發低速磁浮列車技術。

時速超過 600 公里的磁浮列車

日本也在 1970 年代投入磁浮列車的研究，至今從未停歇。2015 年，日本磁浮列車在富士山附近的一次試行，飆出地表列車最快時速——603 公里的世界紀錄。若以這樣的速度，台北直達高雄只要半小時。這次成功的實驗，使日本信心大增，致力於在 2027 年完成東京——名古屋路段，營運時速預計達每小時 500 公里。

圖片來源／達志影像

這輛日本中部鐵路公司開發的磁浮列車在 2003 年測試時，速度達到了每小時 581 公里。

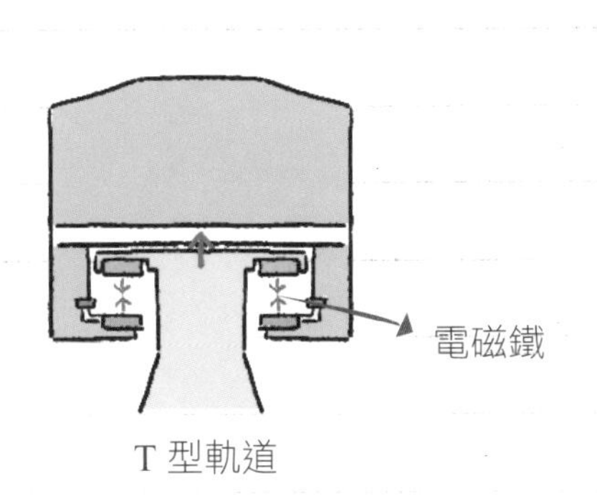

＊日本研發的是互斥式磁浮列車，車身下方的磁力極性與軌道上的極性相同，因此便會產生斥力，軌道上的磁鐵會把車身「向上推」，使車身浮在軌道上約 1 公分高。

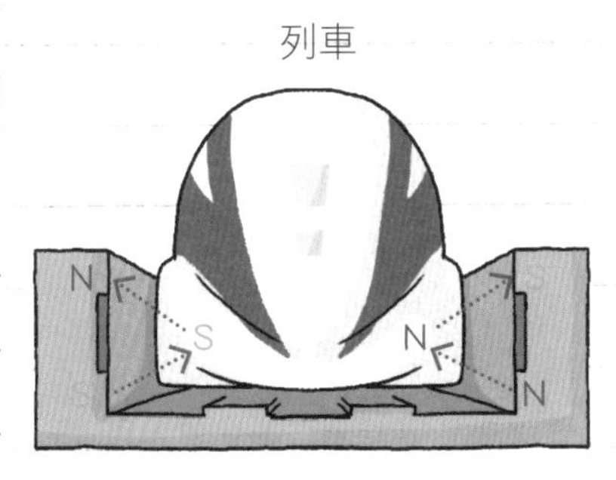

下面的表格給你作參考。

你要搭哪種交通工具？

台灣西部走廊的交通方便，往返台北至高雄間，有許多串聯城市之間的大眾運輸交通工具，可以依據個人的需求，例如：想節省時間、想省錢等選擇搭乘。一起來看看有哪些交通工具？

有又快又便宜的選擇嗎？

以時間為優先考量

交通工具	種類	時間	備註
高鐵		1.5-2小時	依據直達或是停靠站多寡
台鐵	普悠瑪列車	3.5小時	班次少，一天只有2班往返
	自強號電聯車	5小時	
	莒光號電聯車	6.5-7小時	
客運		4-5小時	如果塞車，時間就不只5小時

以票價為優先考量

交通工具	種類	票價/人單程	備註
客運		450-590元	
台鐵	莒光號電聯車	650元	
	自強號電聯車	843元	
	普悠瑪列車	843元	班次少，需要提早預訂
高鐵	自由座	1445元	
	標準車廂	1490元	

以環境污染為優先考量

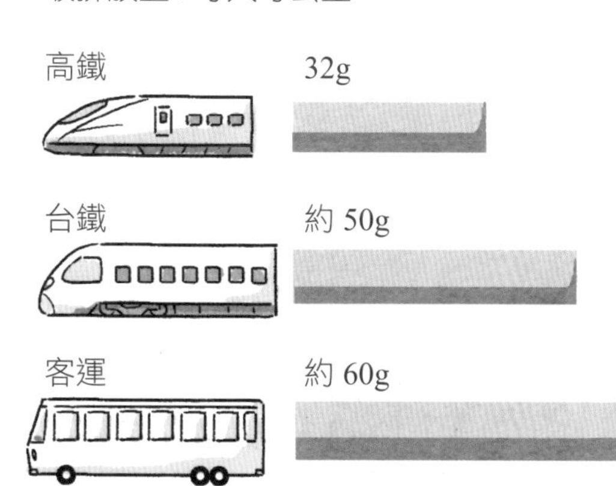

＊高鐵於103年申請行政院環境保護署「高速鐵路運輸服務碳足跡」標籤證書，且逐年降低碳排放量，至109年認證碳足跡已從38g降至32 gCO2e/每人每公里，成為國內第一個正式取得「旅客運輸服務（陸上及水上運輸）」產品類別碳標籤之交通運輸工具。

追追有個新聞報導，他安排了一些採訪及收集資料的任務，以下是他的工作行程，請你幫他安排有效率並節省花費的交通排程，並寫下理由。

★ 3/25 下午 4 點 高鐵行控中心採訪

晚上 9 點 高鐵燕巢基地參觀

★ 3/26 早上 10 點 高鐵左營站參觀

下午 2 點 與記者學長約在台中火車站附近

下午 4 點 高鐵烏日基地參觀

★ 3/27 早上 10 點 到台北辦公室開會

追追的行程安排

3 月 25 日

______________________________ 安排的理由：

____

3 月 26 日

______________________________ 安排的理由：

____

3 月 27 日

______________________________ 安排的理由：

____

搭高鐵時遇到地震或颱風怎麼辦？

行駛中的列車，遇到天然災害時，有時會被迫停駛。這時候要聽列車長的指示，不可以急著開門，馬上往外衝，因為台灣高鐵會確認軌道已斷電、安全無虞，安排接駁車輛到達定點，才會開始疏散旅客。

跟著高鐵組員的指示疏散

❶ 組員到車廂進行疏散說明及引導。

❷ 組員從緊急工具箱取出逃生梯，在高鐵出口架設好，引導旅客離開車廂。

❸ 根據指示沿著疏散路線走到緊急逃生梯，走下高架橋。

❹ 走下緊急逃生梯後，搭乘高鐵準備的接駁車離開。

★台灣高鐵軌道路線有高架橋及隧道，旅客在不同的路段，會往不同的逃生出口離開。

★在高架橋上 沿著軌道走，每　　　　　公里就有緊急逃生出口。

★在長度超過　　　　　公里的隧道內，透過橫坑或豎井往緊急逃生門疏散。

★林口隧道內有「豎井逃生梯」，一旦列車在隧道內遇到狀況，可透過逃生梯回到地面；另外，安全梯旁也有電梯，一次可載 28 人。

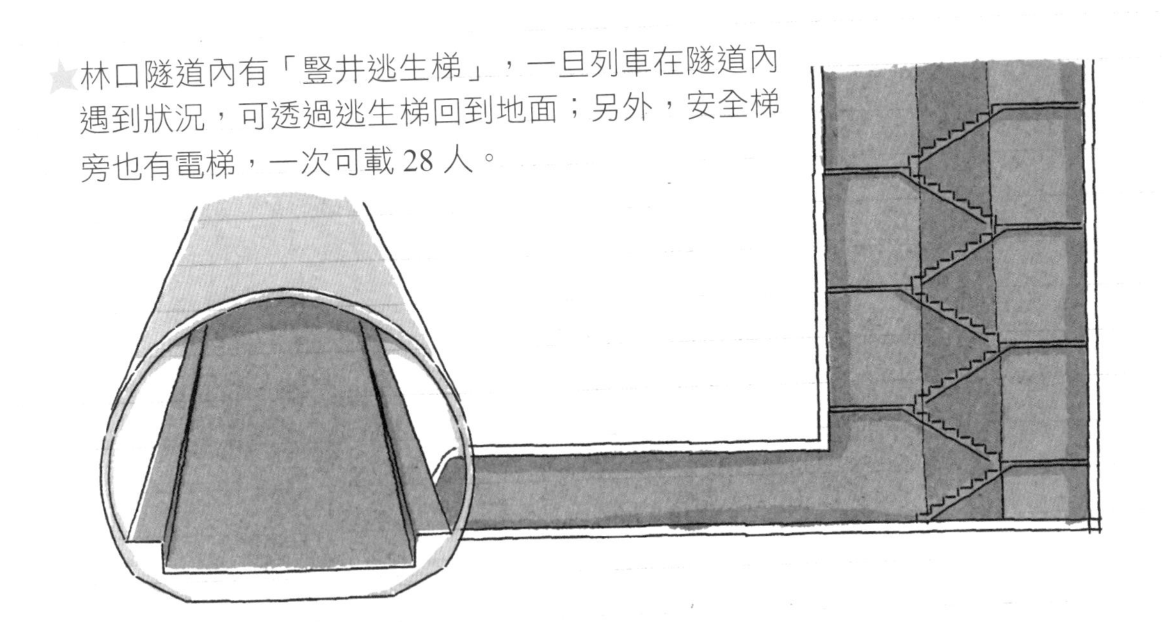

除了逃生設施，行控中心更是掌控安全的超級電腦

★行控中心控制的整面大螢幕是高鐵縮小版路線，人員緊盯著螢幕，監視著列車路線。如果列車控制系統偵測到可能危害列車安全時，例如道岔訊號異常、偵測到地震等天然災害、車載列車自動防護系統故障，或是非經允許的列車突然行進軌道等，後面的列車就會自動煞車，無法再往前行駛，再由高鐵人員安排排除狀況。

我的城市交通規劃

你喜歡現在居住地的大眾運輸交通設施嗎？你曾經想過城市裡，需要什麼樣的交通工具呢？是需要往返其他城市的高鐵、火車，還是便利大家通勤的捷運、輕軌，或是提供短程服務的共享電動車或腳踏車？規劃交通建設不只是要想到交通工具的種類，還需要設想路線、停靠站等。如果你是工程師，你想要如何設計規畫這座城市的交通建設呢？

★ 我居住的城市：

★ 想要改善的交通狀況：

例如：地點沒有交通工具抵達、交通工具太慢、路線已經沒有人搭乘等

★ 想要使用哪一種交通工具：

☐高鐵　☐火車　☐客運　☐公車　☐捷運　☐輕軌　☐其他

為什麼：

★ 規劃路線：

從　　　　到

途中經過

畫下路線設計：

★ 你也可以試著設計交通工具：

★ 你設計的交通工具特色：

具有哪些特殊功能？

為什麼？

★ 設計停靠站：（車站、車牌或是站亭）

★ 我的新聞稿：試著寫下你所設計的交通建設的故事。例如為什麼想要建造這樣的交通工具、想要解決什麼問題、想要給怎樣的人使用等等。或許你也可以建設比高鐵還快的交通工具，甚至速度比目前全球最快的磁浮列車還高速的交通工具，但是你要怎麼做呢？

新聞標題：______________________________

____

____

____

____

★ 在高架橋上沿著軌道走，每（ 3 ）公里就有緊急逃生出口。

★ 在長度超過（ 3 ）公里的隧道內，透過橫坑或豎井往緊急逃生門疏散。

解答